MINISTÈRE DES COLONIES

ANNEXE AUX ANNALES D'HYGIÈNE ET DE MÉDECINE
COLONIALES

INSTRUCTIONS

CONCERNANT LES MESURES À PRENDRE

CONTRE

LES MALADIES ENDÉMIQUES, ÉPIDÉMIQUES

ET CONTAGIEUSES

MALARIA — FIÈVRE JAUNE — LÈPRE — BÉRIBÉRI
— TUBERCULOSE ET ALCOOLISME
FIÈVRE TYPHOÏDE — CHOLÉRA — PESTE — VARIOLE

PARIS

IMPRIMERIE NATIONALE

OCTAVE DOIN, ÉDITEUR, PLACE DE L'ODÉON, 8

MDCCCCIII

INSTRUCTIONS

CONCERNANT LES MESURES À PRENDRE

CONTRE

LES MALADIES ENDÉMIQUES, ÉPIDÉMIQUES

ET CONTAGIEUSES

MINISTÈRE DES COLONIES

ANNEXE AUX ANNALES D'HYGIÈNE ET DE MÉDECINE
COLONIALES

INSTRUCTIONS

CONCERNANT LES MESURES À PRENDRE

CONTRE

LES MALADIES ENDÉMIQUES, ÉPIDÉMIQUES

ET CONTAGIEUSES

MALARIA — FIÈVRE JAUNE — LÈPRE — BÉRIBÉRI
TUBERCULOSE ET ALCOOLISME
FIÈVRE TYPHOÏDE — CHOLÉRA — PESTE — VARIOLE

PARIS

IMPRIMERIE NATIONALE

OCTAVE DOIN, ÉDITEUR, PLACE DE L'ODÉON, 8

MDCCCCIII

Messieurs, Au moment où un véritable courant entraîne nos compatriotes vers les colonies, il m'a paru nécessaire de pousser à fond la lutte engagée pour l'assainissement de nos possessions d'Outre-Mer. C'est dans ce but que je vous fais parvenir les notices ci-jointes qui ont été rédigées par l'Inspecteur général du Service de santé et dans lesquelles vous trouverez des indications utiles pour mener à bien une œuvre qui doit être l'objet de vos constantes préoccupations. Il ne vous échappera pas, en effet, que pour coloniser, il faut assainir, et c'est à vous qu'il appartient d'engager les municipalités à entrer dans cette voie, qu'elles devront poursuivre avec persévérance et ténacité, si elles veulent faire œuvre utile et attirer à elles les colons que la mauvaise réputation faite aux possessions coloniales a toujours tenus à l'écart.

Le Ministre des Colonies.

Signé : Gaston DOUMERGUE.

AVANT-PROPOS.

Les Européens qui s'expatrient, soit pour mettre en valeur notre domaine colonial, soit pour le défendre, ont à subir, aux pays chauds, la double action des agents atmosphériques et des agents morbides.

Le génie de l'homme est à peu près impuissant contre les premiers; en revanche, il peut combattre les seconds par des mesures d'hygiène et de prophylaxie.

Le cadre ordinaire des maladies tropicales est assez restreint par lui-même, mais nous le voyons s'élargir chaque jour, par suite de l'importation, dans ces contrées, d'affections endémo-épidémiques qui sévissent en Europe, et dont nous gratifions les indigènes soumis à notre domination, qui nous gratifient à leur tour de leurs germes infectieux, conséquence forcée de la fréquence et de la rapidité des communications avec ces pays neufs.

Nous avons par suite le devoir, non seulement de faire bénéficier les populations indigènes des progrès de la science en matière d'hygiène, de les préserver autant que possible contre l'importation des maladies qui sévissent dans les pays avec lesquels elles ont été mises en relation, mais encore de les soustraire aux maladies qui les déciment, afin d'en préserver la Métropole.

C'est dans ce but que nous allons passer en revue les maladies sévissant aux pays chauds, susceptibles de disparaître ou tout au moins d'être jugulées par des mesures d'hygiène et de prophylaxie.

Ces maladies sont : le paludisme, la fièvre jaune, la lèpre, le béribéri, la tuberculose, la fièvre typhoïde, le choléra, la peste, la variole. Plusieurs autres, imputables à une mauvaise eau d'alimentation, seront énumérées lorsque nous parlerons de la nécessité de posséder des eaux de bonne qualité.

INSTRUCTIONS

CONCERNANT LES MESURES À PRENDRE

CONTRE

LES MALADIES ENDÉMIQUES, ÉPIDÉMIQUES

ET CONTAGIEUSES.

CHAPITRE PREMIER.

PALUDISME.

Parmi les maladies qui s'opposent le plus à la colonisation par l'Européen, il faut citer en première ligne le *paludisme*.

Il occasionne chaque année un grand nombre d'entrées dans nos hôpitaux coloniaux, oblige à des rapatriements anticipés fort nombreux et entraîne une mortalité élevée.

Au cours de l'année 1900, on enregistrait un total de 1,833 décès dans nos différentes formations sanitaires. Or, 1,162 étaient imputables aux maladies tropicales, et sur ce nombre, le paludisme en comptait 797, c'est-à-dire plus de la moitié.

Depuis trois ans, l'endémie palustre a coûté à la Réunion une moyenne annuelle de 1,748 existences.

Au Sénégal, en 1901, sur 1,341 entrées dans les hôpitaux, 416 ont eu pour cause le paludisme.

A la Guinée française, on a compté, au cours de la même année, 123 entrées à l'hôpital, dont 77, ou plus des deux tiers, pour des affections paludéennes plus graves que le simple accès de fièvre pour lequel on ne se fait pas hospitaliser.

A Madagascar, pendant la période quaternaire de 1897 à 1900, la morbidité pour paludisme a été en moyenne de 604 p. 1000 d'effectif et le pourcentage de la mortalité a atteint 353.50 p. 1000, c'est-à-dire plus du tiers.

Les indigènes de toutes nos possessions, quoique payant un tribut moins lourd à l'infection malarienne, n'échappent cependant pas à ses atteintes.

Les chiffres énumérés ci-dessus, quoique déjà très élevés, ne peuvent donner qu'une idée approximative des ravages causés par le paludisme, attendu qu'ils ne portent que sur les malades soignés dans les hôpitaux et qu'ils ne concernent pas les paludéens traités en ville.

D'autre part, les fonctionnaires et les soldats sont souvent l'objet de rapatriements anticipés qui dégrèvent le chiffre des malades.

Quoi qu'il en soit, l'énumération que nous venons de donner fait ressortir l'intérêt qui s'attache à combattre une affection qui pèse si lourdement sur les Européens aux pays chauds.

Or, tout récemment encore, le paludisme était considéré comme une maladie inévitable que devaient fatalement subir les Européens qui émigrent vers ces contrées lointaines; les pouvoirs publics, adoptant ce fatalisme, n'ont rien fait ou presque rien pour le combattre, parce qu'ils en ignoraient les causes.

Le paludisme est cependant une maladie en partie évitable.

Cette affection, connue depuis longtemps sous différents noms : *fièvre intermittente, fièvre palustre, malaria,* etc., suivant qu'on l'attribuait à telle ou telle cause, a été mise pendant de longues années sur le compte des émanations des marais ou des sols humides, d'où son nom de *malaria (mauvais air).* Aussi conseillait-on pour s'en préserver de construire les habitations loin, ou tout au moins au vent des marais. On supposait en outre que ces vapeurs n'étaient pas susceptibles de s'élever très haut dans l'atmosphère, et c'est à cette circonstance qu'on attribuait l'immunité dont jouissent, en général, les endroits élevés à l'égard de cette endémie.

La découverte de Laveran, qui démontra que le sang des paludéens contenait un parasite auquel on a donné son nom (*hématozoaire de Laveran*), jeta un jour nouveau sur le paludisme. Mais d'où venait cet hématozoaire et comment pénétrait-il dans le sang? Telle était la question qu'on se posait, lorsqu'elle fut résolue, en partie, grâce aux travaux de médecins anglais et italiens qui nous apprirent que les moustiques pouvaient le transmettre à un homme sain, après s'être infectés au préalable en suçant le sang d'un paludéen.

La découverte, par Ronald Ross, de ce mode de transmission était des plus importantes; mais la seconde question qui se posa ensuite et que se posent encore bien des médecins fut celle-ci : le moustique est-il le seul agent de transmission du paludisme et ne peut-il pas puiser le germe ailleurs que sur un paludéen? En tout cas, quel a été le premier, du moustique ou de l'homme, à être contaminé et où le premier infecté a-t-il pris le germe?

Beaucoup de personnes inclinent à penser que le moustique n'est pas le seul agent de transmission du paludisme. Ce n'est pas le moment de trancher cette question, qui n'est pas encore élucidée. Il est certain qu'à l'origine les êtres n'étaient pas ce qu'ils sont aujourd'hui; ils ont subi des transformations nombreuses. Aussi, dans l'état actuel, devons-nous nous contenter de ce que nous savons de certain : c'est que le parasite de la malaria vit alternativement chez l'homme et chez le moustique. Ce dernier étant susceptible de le transmettre, il y a lieu de recourir à tous les moyens pour le détruire.

MOUSTIQUES.

Les moustiques, vulgairement appelés cousins, appartiennent à la famille des Culicidés, qui renferme une grande variété d'espèces dont le nombre va croissant chaque jour par suite de l'étude spéciale de ces insectes à laquelle on s'est livré depuis que l'attention générale a été fixée sur eux.

Tous les moustiques piquent, mais tous ne sont pas susceptibles de transmettre telle ou telle maladie; chacun a, pour ainsi dire, sa spécialité.

Dans l'état actuel de nos connaissances, trois maladies : la *filariose*, le *paludisme*, la *fièvre jaune* sont seules susceptibles d'être propagées de cette manière. Peut-être découvrira-t-on un jour que la *lèpre* est susceptible d'être inoculée de la même façon, mais jusqu'à présent on n'a pu découvrir son bacille (bacille de Hansen) dans la trompe de moustiques qui avaient piqué des lépreux ou qui avaient été recueillis dans leurs cases.

Avant qu'on soupçonnât la transmission du paludisme par le moustique, rappelons que le docteur Finlay, de la Havane, avait émis l'avis, dès 1881, que cet insecte transmettait la fièvre jaune.

Ne pouvant décrire toutes les espèces de moustiques, ce qui n'aurait d'ailleurs pas grande utilité au point de vue qui nous occupe, nous nous contenterons de parler de celles qui ont le triste privilège de transmettre les maladies que nous avons énumérées plus haut et de donner quelques détails sommaires sur leurs habitudes, leur habitat, leur mode de reproduction, toutes choses qu'il est utile de connaître, afin de lutter plus efficacement contre ces insectes.

On a cru pendant longtemps que les Culicides en général n'avaient qu'une vie éphémère; il n'en est rien, ils peuvent vivre des mois et même une année. Les mâles et les femelles se nourrissent de fruits; les femelles seules sucent le sang de l'homme et des animaux. Ils vivent le plus souvent près des habitations et ne peuvent se passer d'eau; c'est dans ce liquide que les femelles déposent leurs œufs et que ceux-ci éclosent, pour se transformer en larves d'abord, en nymphes ensuite, avant de devenir insectes parfaits. C'est à cette dernière phase de leur existence qu'ils abandonneront l'eau pour voler dans l'air, mais ils retournent à l'eau pour déposer leurs œufs à sa surface.

Il s'était aussi accrédité que les larves de moustiques ne pouvaient vivre que dans l'eau douce, mais on vient d'en découvrir à Ismaëlia dans des mares contenant 9 grammes de sel marin par litre d'eau.

Aux pays chauds, la larve ne met que huit à dix jours pour devenir un insecte parfait; dans les climats froids ou tempérés, cette évolution peut demander un mois.

Les larves se nourrissent de végétaux aquatiques et servent à leur tour de nourriture aux poissons, aux libellules, aux têtards et aux hydrophiles. Pour respirer, elles sont obligées de venir à la surface du liquide et sont munies à cet effet de trachées diversement placées sur le corps, suivant les espèces.

Les espèces qui nous intéressent au point de vue de la transmission des maladies sont les suivantes :

a. L'*Anopheles*, qui transmet le paludisme;

b. Le *Culex*, qui transmet la filariose;

c. Le *Stegomya fasciata* ou *Culex fasciatus*, qui transmet la fièvre jaune.

Il est indispensable de savoir distinguer ces trois espèces, qui présentent des différences assez tranchées pour qu'on puisse facilement les reconnaître à première vue.

Anopheles. — L'Anopheles se distingue des autres Culicides par un corps élégant, des ailes tachetées, un dard long et épais. De plus, lorsqu'il se pose sur un plan quelconque, son corps est presque perpendiculaire à ce plan.

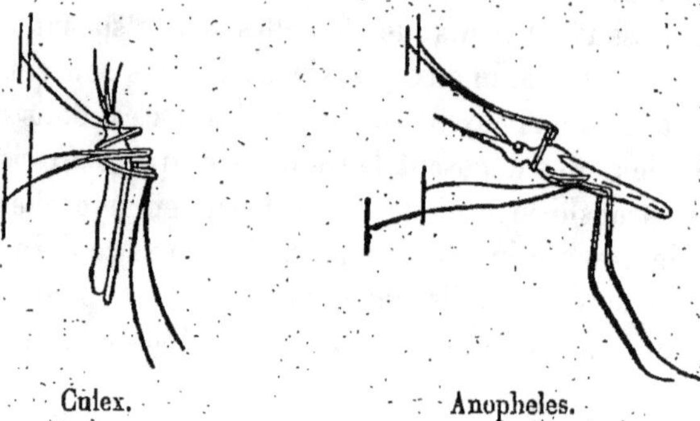

La figure ci-jointe, qui représente l'Anopheles au repos, est exacte pour les espèces *costatus* et *funestus*, décrites par Ronald Ross; mais elle ne l'est pas pour d'autres, telle l'*Anopheles claviger*, qui se pose sur un plan de la même façon que le Culex. La position de l'Anopheles ne doit donc pas rester comme un signe distinctif du genre, comme on l'a admis jusqu'à présent.

Sa larve flotte horizontalement sur l'eau comme un bâtonnet, parce que ses tubes aérifères sont placés horizontalement près de sa queue. Vient-on à remuer le liquide dans lequel elle flotte, elle s'agite à la surface en imprimant à la partie arrière de son corps un mouvement de serpent. Le plus souvent, la larve de l'Anopheles est très ténue, difficile à voir et échapperait aux recherches, si on ne prenait soin de recueillir une petite quantité d'eau dans un vase ou mieux dans une assiette.

L'Anopheles vole surtout la nuit. Il y a cependant des exceptions à cette règle, l'*A. costalis* volant et piquant pendant le jour. Il aime à déposer ses œufs dans les petites mares, les flaques d'eau qui ne se dessèchent pas trop vite, qui n'ont pas d'écoulement par les fortes pluies, qui ne contiennent pas de petits poissons et qui sont garnies d'herbes vertes. Il affectionne également les terrains herbus, humides, marécageux, même en saison sèche, les excavations provoquées par les travaux de terrassements que remplissent les eaux de pluie, etc.

Culex. — Le Culex a un corps plus grossier et un thorax plus épais que l'Anopheles; ses pattes et ses ailes sont de teinte uniforme, son dard est mince; lorsqu'il se pose sur un mur, son corps est parallèle au mur, la partie postérieure s'en rapprochant même très sensiblement; il pique surtout le jour.

Une différence essentielle entre le Culex et l'Anopheles, c'est que le Culex se pose n'importe où et se voit facilement, tandis que l'Anopheles, il faut le rechercher, car il va se cacher dans les coins les plus sombres; aussi peut-il passer inaperçu si on se contente d'un examen superficiel.

La larve du Culex, lorsqu'elle est au repos dans l'eau, a la tête en bas, dirigée vers le fond du liquide, tandis que la queue est à la surface, parce que c'est en cet endroit que débouche son tube aérifère. Vient-on à agiter le liquide, elle disparaît immédiatement vers la profondeur. On la rencontre presque exclusivement dans les réservoirs d'eau artificiels tels que : bassins, citernes, rigoles, conduites d'eau, pots de fleurs, vases dans lesquels on met les pieds des lits pour se préserver des fourmis, boîtes de conserves ouvertes que les domestiques jettent dans les coins des cours; on peut également les rencontrer dans les mares et les cours d'eau.

Stegomya. — Le Stegomya se rapproche du Culex comme forme, il se pose sur un mur de la même façon, mais il a les pattes zébrées et présente de plus cette particularité que la dernière paire est relevée sur le dos. Il pique dans le milieu de la journée et aime à déposer ses œufs dans les eaux croupies; aussi trouve-t-on ses larves dans les pots brisés, les bouteilles cassées, les boîtes de conserves vides, en un mot dans tous les récipients laissés en tas par les domestiques dans les dépendances des maisons où la surveillance du maître fait défaut.

L'Anophèles, avons-nous dit, transmet le paludisme, mais à lui seul il ne peut l'engendrer, car tout insecte nouvellement éclos, qui n'a pas encore piqué un paludéen, est dépourvu de germes. D'autre part, on a constaté la présence d'Anophèles dans des régions indemnes, quant à présent, de paludisme. Pour que cette maladie éclate, trois conditions doivent se trouver nécessairement réunies :

1° Des malades atteints de paludisme;

2° Des Anophèles qui s'infecteront en suçant leur sang et qui piqueront ensuite des individus sains;

3° Des mares ou des marais où l'Anophèles pourra déposer ses œufs.

MESURES À PRENDRE POUR COMBATTRE LE PALUDISME.

Les mesures à prendre pour combattre le paludisme découlent naturellement des données énoncées ci-dessus.

La première consistera à traiter par les sels de quinine tous les gens, Européens ou indigènes, atteints de paludisme, afin de détruire les hématozoaires que charrie leur sang et les empêcher par suite de devenir un foyer de contagion pour les voisins. Le paludéen étant dangereux pour ceux qui l'entourent, on doit l'obliger à se soumettre à un traitement, et sous ce rapport l'indigène doit être tout particulièrement surveillé.

C'est aux administrations locales qu'incombera ce soin, et ce sont elles qui devront également prendre les mesures nécessaires pour faire délivrer aux indigents de la quinine à bon marché.

La seconde mesure sera dirigée contre les moustiques, dont il faut poursuivre la destruction avec un acharnement au moins égal à celui que ces insectes mettent à vous harceler de leurs piqûres. Il faut y mettre de la persévérance et ne pas croire la chose impossible; aussi allons-nous indiquer immédiatement les moyens de se débarrasser des moustiques.

DESTRUCTION DES MOUSTIQUES.

Pour se débarrasser des Culicides, il faut faire la chasse à ces insectes et s'attaquer surtout à leurs larves, qui sont plus faciles à atteindre que les insectes ailés et qu'on a l'avantage de pouvoir détruire en masse.

Destruction des larves. — Nous avons vu plus haut que le moustique ne peut vivre sans eau; il peut cependant s'en passer pendant plusieurs mois, s'il est protégé par d'épais ombrages retenant l'humidité.

Le plus sûr moyen de détruire le moustique serait donc de supprimer les étangs, mares, marigots, flaques d'eau, etc., qui se trouvent au voisinage des habitations, car cet insecte, dans son vol, ne s'en éloigne pas beaucoup, à moins d'être entraîné par les vents.

Mais si le comblement des petites mares par des terres rapportées est facile, il n'en est pas de même quand on se trouve en présence de vastes étendues d'eau. Dans ce cas, il faudra recourir à d'autres moyens et employer selon les circonstances: le colmatage, le warpage, le drainage. On pourra également procéder à leur asséchement en creusant des canaux qui permettront l'écoulement vers un cours d'eau ou vers la mer. Si après les avoir asséchées, on se trouve dans l'impossibilité de les combler, on devra mettre en culture le fond de la cuvette.

Ce sont là des indications sommaires et générales et c'est aux ingénieurs qu'il appartiendra de décider quel sera, selon les circonstances, le moyen à la fois le plus pratique et le plus économique pour atteindre le but qu'on se propose.

Il peut arriver que les moyens de destruction des larves que nous venons d'indiquer ne puissent être employés. Il n'en faudra pas moins poursuivre leur extermination et ce que nous savons de leur manière de vivre nous en facilitera les moyens.

Les larves ne peuvent respirer qu'en venant à la surface de l'eau aspirer l'air extérieur par leurs trachées; il suffira donc, pour les faire périr, de les empêcher par un moyen approprié de se servir de leurs tubes aérifères. Pour atteindre ce résultat, il n'y aura qu'à projeter à la surface des mares, au moyen d'un chiffon placé à l'extrémité d'une perche et trempé dans de l'huile lourde de pétrole, un peu de cette huile, ou d'un mélange d'huile de pétrole ou de goudron, à raison de dix centimètres cubes par mètre carré de la pièce d'eau.

Il est important que toute la masse du liquide soit entièrerement recouverte; aussi est-il préférable de projeter le mélange de distance en distance, au lieu de le verser en totalité au même endroit. Ce n'est qu'à cette condition que les larves pourront être détruites, la mince pellicule qui recouvre ainsi le liquide agissant mécaniquement en bouchant leurs tubes aérifères et en les empêchant de respirer lorsqu'elles viennent chercher à la surface l'air extérieur indispensable à leur existence. Le mélange, quel qu'il soit, déposé à la surface, a besoin d'être souvent renouvelé, au moins tous les huit jours, parce qu'il s'évapore; aussi peut-on recourir à un autre procédé, qui consiste à placer dans la mare un vieux baril de goudron. L'eau reste alors revêtue pendant des semaines entières d'une couche huileuse de goudron, qui non seulement tue plus sûrement les larves, mais empêche aussi l'insecte adulte d'y déposer ses œufs.

On emploie les huiles lourdes de pétrole ou le goudron à cause de leur bas prix et parce qu'ils peuvent l'un et l'autre être versés sans inconvénient dans les mares; mais pour détruire les larves dans une eau destinée à des usages domestiques, telle que celles des citernes ou des réservoirs, on aura recours à des huiles légères, en ayant soin de soutirer le liquide par en bas.

Enfin, pour les eaux destinées à l'alimentation, on peut recourir à l'huile d'eucalyptus, qui s'évapore après avoir tué les larves, sans laisser aucun goût au liquide.

Nous avons vu plus haut que la larve mettait huit jours avant de devenir insecte parfait; il sera donc nécessaire de vider toutes les semaines les récipients contenant de l'eau, en ayant soin d'en frotter les parois avec un balai dur pour détruire les larves qui y seraient restées accolées. On peut également user du balai pour les petites flaques d'eau qui persistent plus de huit jours.

Destruction des moustiques. — La destruction du moustique lui-même est loin d'être aussi facile que celle de sa larve. Il faut le pourchasser dans les maisons, les ventiler, faire battre tous les coins et recoins des appartements, blanchir les plafonds et les murailles à la chaux, faire en sorte que les pièces soient largement éclairées, les moustiques n'aimant ni la lumière ni les courants d'air, et ayant une prédilection pour les endroits sombres où ils peuvent se reposer à leur aise et digérer le sang de leurs victimes.

Pour les chasser, on peut aussi faire brûler dans les chambres, closes au préalable, des poudres insecticides telles que celles de pyrèthre, des feuilles d'eucalyptus ou d'autres substances susceptibles de produire beaucoup de fumée.

Les vapeurs de soufre les tuent également, mais ce procédé ne peut être appliqué qu'à la condition d'abandonner son logement pendant au moins vingt-quatre heures.

Tous ces moyens, sauf l'acide sulfureux, ne sont d'ailleurs que palliatifs; ils engourdissent les moustiques, les mettent pendant un certain temps dans l'impossibilité de nuire et permettent en outre de les capturer plus facilement; mais pour arriver à les asphyxier, il faudrait les maintenir pendant plusieurs heures dans cette atmosphère.

Il faudra aussi bien veiller à ce qu'il n'y ait pas d'eaux stagnantes dans le voisinage des habitations, élaguer la végétation luxuriante qui leur procure des abris, ne conserver que quelques grands arbres à une certaine distance et renoncer à ces parterres dont on aime tant à entourer les maisons coloniales, ainsi qu'aux fleurs en pots dont on orne les vérandas, toutes choses fort agréables à l'œil, mais qui sont de véritables nids à moustiques, à cause de la grande quantité d'eau que demandent toutes ces plantes. Les parterres pourront être remplacés par des pelouses de gazon.

On avait attribué à certaines plantes, le ricin entre autres, la propriété d'éloigner les moustiques, mais je ne sache pas que ce dire ait été confirmé.

Le maître de la maison devra veiller tout particulièrement à ce que ses domestiques n'entassent pas dans les cours les vases jetés au rebut, les boîtes de conserves vides, en un mot tous les récipients susceptibles de recueillir un peu d'eau que les moustiques ne manqueraient pas d'utiliser pour y déposer leurs œufs. Sa surveillance devra également s'exercer d'une manière toute spéciale sur les logements de ses serviteurs, sur les écuries, qui laissent en général beaucoup à désirer sous le rapport de la propreté et où se réfugient les moustiques. Il devra s'assurer également du bon fonctionnement des gouttières, des éviers, des cabinets, qui sont de vrais repaires pour ces insectes, et de tout ce qui peut retenir l'eau. Il ne faut négliger aucun détail et là, comme partout, rien ne vaut l'œil du maître. Étant donné ce que nous savons du temps que met le moustique à devenir insecte parfait, il suffira de procéder à cette inspection une fois par semaine.

Il va sans dire qu'il faudra agir de même dans les casernes, dans les hôpitaux, dans les établissements publics, et là il y aura lieu d'installer un service spécial de surveillance, ce qui sera plus facile que dans les maisons particulières, mais encore bien plus nécessaire si on veut arriver à un résultat, à cause du grand nombre de personnes logées dans ces immeubles qui ne sont pas toujours soucieuses de leur santé et qui ont en général trop de tendance à considérer ces petits moyens comme inutiles et sont surtout portées à les tourner en ridicule.

Moyens de se préserver des moustiques. — Nous venons de voir combien il est difficile de se débarrasser des moustiques; aussi, devant cette impossibilité, doit-on recourir à tous les moyens pour préserver l'homme de leurs piqûres.

Nous avons donné plus haut un aperçu des mœurs de l'Anopheles; nous savons qu'il vole surtout la nuit; c'est donc à ce moment qu'il faudra se mettre à l'abri de ses atteintes, non seulement pour goûter un repos absolument nécessaire, mais aussi pour échapper au paludisme. La fièvre palustre ne se contractè, dit-on, que la nuit et, à ce sujet, l'expérience faite par MM. Sambon et Low dans la campagne romaine paraît concluante à un double point de vue : 1° à celui de la contagion par le moustique ; 2° aux atteintes pendant la nuit.

Ces deux observateurs ont pu, en effet, passer toute la saison des fièvres à Fumorolli, près d'Ostie, dont l'insalubrité est notoire, sans éprouver le moindre accès, après avoir eu soin de s'enfermer, le soir venu, dans une baraque dont toutes les ouvertures étaient garnies de toiles métalliques assez fines pour s'opposer au passage des moustiques.

Pendant la journée, ils circulaient en plein soleil, remuaient la terre, faisaient en un mot tout ce qu'il fallait pour contracter la fièvre ; ils sont cependant sortis indemnes de cette expérience. Les toiles métalliques apposées contre les ouvertures des habitations sont donc un moyen efficace pour se préserver du paludisme. Elles sont en usage depuis longtemps en Camargue pour se protéger contre les moustiques et il est même assez singulier qu'on n'ait pas songé à s'en servir aux pays chauds pour se préserver, non seulement de ces insectes, mais encore d'une foule d'autres et de mouches de toutes sortes qui envahissent parfois les appartements au moment où vous êtes à table et vous obligent à leur céder la place.

Ce moyen de protection a été adopté dans plusieurs colonies anglaises. Le grillage métallique étamé est celui qui paraît convenir le mieux ; le grillage non étamé s'oxyde trop vite et celui de laiton est d'un prix plus élevé. Ronald Ross nous apprend, pour l'avoir expérimenté par lui-même au Lagos, que la mousseline peut remplacer la toile métallique et qu'elle laisse passer suffisamment d'air, contrairement à ce qu'on aurait pu supposer.

Dans nos colonies, on n'a tenté jusqu'à présent que quelques essais individuels, mais le moment paraît venu de généraliser ce mode de protection et il y aurait lieu de munir de toiles métalliques toutes les ouvertures des casernes et des hôpitaux, sans négliger les cheminées d'aération ; sans cela l'Anopheles aurait vite fait de trouver le chemin qui lui permettra d'arriver jusqu'à sa victime.

L'Institut Pasteur de Paris a installé à la gare de l'Alma, en Algérie, une station d'essai pour lutter contre le paludisme, les employés de chemin de fer de cette localité devant être souvent remplacés parce qu'ils devenaient tous paludéens. Les ouvertures des habitations ont été munies de grillages métalliques, et on a obligé les hommes en service la nuit à porter des voiles de mousseline bien fixés autour du cou et de la coiffure; les mares voisines ont été recouvertes de pétrole. Toutes ces mesures ont donné d'excellents résultats.

Une compagnie de dragage qui creuse en ce moment des canaux en Cochinchine, dans une région où règne la fièvre des bois, s'est très bien trouvée de la construction de vastes cages en toile métallique pour mettre ses employés à l'abri des piqûres de moustiques. L'entreprise, qui avait escompté de nombreuses invalidations par suite de paludisme, a été fort surprise de n'en avoir qu'une petite quantité, quoique les équipes de nuit ne puissent être préservées des moustiques.

Ce moyen de protection doit être complété à l'intérieur des habitations par l'usage de moustiquaires, de pancas ou de ventilateurs électriques.

La moustiquaire est déjà en usage dans nos possessions coloniales; on pensait autrefois qu'elle n'avait d'autre utilité que de mettre l'homme à l'abri de piqûres cuisantes; les notions nouvelles que nous possédons aujourd'hui font voir qu'elles peuvent également le préserver du paludisme. Il est donc indispensable que tous les lits en soient munis; aussi doit-on en conseiller l'usage à tout le monde et le prescrire aux soldats, tant européens qu'indigènes.

Il ne suffit pas d'ordonner l'usage de moustiquaires, il faut de plus qu'elles soient bien comprises et bien établies. Une mauvaise moustiquaire irait à l'encontre du but qu'on se propose; en effet, si elle n'est pas bien tendue, elle laissera passer moins d'air, et si elle est trouée, elle livrera passage aux moustiques.

Il faut de plus qu'elle soit bien bordée sous le matelas, car si on la laisse tomber jusqu'à terre, le moustique trouvera encore le moyen de se faufiler et de venir sucer le sang de celui qu'elle aurait dû protéger. On ne saurait donc trop tenir à avoir une bonne moustiquaire et trop veiller, au moment où on la dispose avant la nuit, à ce qu'aucun moustique n'y soit enfermé.

Les pancas et les ventilateurs électriques, qui battent l'air et le rafraîchissent, chassent également les moustiques; aussi beaucoup de personnes préfèrent-elles dormir sous un panca qui est agité toute la nuit.

Tous ces moyens : moustiquaires, pancas, ventilateurs, ne protègent que les parties des habitations où ils sont installés; aussi ne doivent-ils être que le complément des grillages métalliques qu'on apposera devant les fenêtres, les lucarnes et même sur les cheminées. Pour les portes qu'il faut pouvoir ouvrir, on aura recours à un dispositif spécial : il suffira de les construire sous forme de tambour.

Pour se préserver du paludisme, il faudrait aussi s'abstenir des sorties de nuit, et si on ne peut les éviter, il faut à tout prix se soustraire aux piqûres des moustiques et, pour cela, serrer le bas des pantalons au moyen d'une coulisse ou porter des guêtres, attacher à sa coiffure, au moyen d'un élastique, un voile de mousseline qui protégera la face et la nuque, à la condition de ne pas le laisser flottant et de faire entrer la partie inférieure dans le vêtement qui couvre le tronc.

Les moissonneurs et les vendangeurs, en Camargue, recourent à ces moyens; au Mexique, dans certaines villes situées le long de rivières infestées de moustiques, les habitants se protègent la face au moyen de cylindres d'étoffe à moustiquaires tendue par des fils de fer.

Nous avons cru devoir entrer dans tous ces détails qui ont leur importance, étant donné qu'en matière d'hygiène on ne doit rien négliger et que par suite on ne saurait être trop minutieux.

Nous n'avons parlé jusqu'à présent que du moustique comme agent de transmission du paludisme pour nous conformer aux idées en cours. Ce serait d'ailleurs nier l'évidence que de ne pas admettre ce mode de propagation; mais est-il le seul? Nous ne le pensons pas, et bien que l'influence du sol soit absolument rejetée par un grand nombre d'observateurs, nous croyons qu'il a une part réelle dans la production de la malaria.

INFLUENCE DU SOL SUR LE PALUDISME.

L'existence du paludisme est, quoi qu'on en dise, liée à l'état du sol riche en matières organiques et retenant l'humidité; il ne faudrait pas toutefois se fier à l'apparence non marécageuse de sa surface pour le déclarer indemne. Un sous-sol imperméable retenant l'humidité à une faible profondeur, les sous-sols argilo-ferrugineux et spongieux sont malsains. Dans certaines régions, on voit apparaître la malaria à la suite de profondes crevasses qui se produisent dans le sol pendant la saison sèche. D'autre part, on voit la malaria disparaître à la suite de modifications apportées au sol par la culture et le drainage; par contre, l'abandon des cultures et des négligences dans le drainage contribuent à rendre insalubres des localités jusque-là saines.

Les bouleversements du sol dans les terres chaudes insalubres sont souvent accompagnés de formidables explosions de fièvres paludéennes, qui sont à redouter non seulement dans les régions marécageuses, dans les bas-fonds, dans les terrains plats riches en alluvions, sur le littoral des mers et dans le fond des vallées, mais aussi sur les hauteurs en plateau, boisées, de constitution géologique variée, mais toujours plus ou moins poreuses, humides et imprégnées de matières organiques.

L'état inculte est une présomption d'endémie palustre. La malaria reste inerte et latente tant que les couches superficielles du sol fortement tassées ont soustrait les matières organiques sous-jacentes à l'action de l'air, de l'humidité et de la chaleur; mais dès qu'elles ont été mises à nu et désagrégées par la pioche du terrassier, elles deviennent nocives et le seront tant que la culture n'aura pas opéré de transformations chimiques dans le sol remué et ne l'aura pas asséché.

Le drainage et l'assèchement du sol par tous les moyens s'imposent donc. On avait fondé, il y a quelques années, de grandes espérances sur les plantations d'eucalyptus pour assainir le sol, mais cette essence n'a pas toujours donné tous les résultats qu'on en attendait.

Il est préférable de recourir au bambou et au filao (*Casuarina equisetifolia* L.) qui jouissent de propriétés asséchantes merveilleuses; toutefois il ne faut pas que ces plantations soient trop touffues, sinon elles formeraient un véritable écran à la brise et empêcheraient l'aération.

Il paraît assez difficile de ne pas admettre que le sol ait une influence sur l'éclosion de la fièvre, quand on considère ce qui s'est passé aux pays chauds palustres, chaque fois qu'on y a entrepris de grands travaux. Rappelons qu'au Congo belge, les agents du chemin de fer employés aux travaux de terrassement ont subi une mortalité de 44 p. 1.000, tandis que ceux des finances n'en ont présenté qu'une de 18.

A Madagascar, les sapeurs du génie employés plus particulièrement aux travaux de route, en 1895, ont fourni une mortalité de 646 p. 1.000, alors qu'elle n'était que de 209 pour les ouvriers d'administration, commis, etc.

En Cochinchine, la mortalité est dix fois moindre, depuis la cessation des travaux d'installation.

Il n'est pas besoin d'insister davantage, et en attendant une explication suffisante permettant de comprendre le mécanisme de ces subites et formidables explosions de germes paludiques et de saisir entièrement leur mode de propagation, il faut retenir ce fait capital : *le travail de la terre inculte dans les régions intertropicales est toujours dangereux et souvent mortel pour l'Européen.*

Les indigènes employés à ces travaux n'en sortent pas indemnes, mais ils sont éprouvés dans de bien moindres proportions que les Européens; aussi est-ce à eux qu'il faudra s'adresser pour les exécuter, les blancs ne devant que les surveiller.

On pourra néanmoins diminuer le tribut payé au paludisme par les naturels, en prenant les dispositions ci-après :

1° Les travaux devront être exécutés pendant la saison sèche, pour deux raisons : la première, parce qu'il y a moins de moustiques à ce moment; la seconde, parce que les travailleurs ne seront pas exposés à être journellement trempés jusqu'aux os, ce qui n'est pas sans les prédisposer à une foule de maladies;

2° Procéder à une sélection parmi les indigènes et ne prendre que ceux qui sont vigoureux et, autant que possible, originaires du pays. Les statistiques prouvent, en effet, que les individus transportés hors de leur pays d'origine sont bien plus susceptibles vis-à-vis du paludisme que les gens du pays;

3° En dehors des heures de travail, faire camper les travailleurs sur un endroit élevé, à l'abri toutefois des grands vents régnants, à distance et au vent des chantiers, loin des nappes d'eau stagnante;

4° Débroussailler les campements par le feu et la hache, ne pas arracher les souches afin d'éviter de remuer le sol et de faire des trous où se collecterait l'eau de pluie qui permettrait aux moustiques d'y déposer leurs œufs;

5° Établir des feuillées et veiller à ce que les indigènes s'en servent et n'aillent pas déposer leurs ordures aux alentours du camp;

6° Obliger les travailleurs à coucher sous des abris, sur des nattes, des toiles, des herbes sèches, ou mieux encore, si c'est possible, sur des lits de camp élevés au-dessus du sol; en tout cas, leur interdire absolument de s'étendre sur le sol nu, aussi bien pendant les heures de sieste que pendant la nuit. Une moustiquaire leur rendrait de grands services, mais dans l'impossibilité où on se trouve le plus souvent de les faire profiter de ce moyen de protection auquel ils se soumettraient difficilement d'ailleurs, il sera bon d'allumer de grands feux autour du campement. Le courant d'air qu'ils déterminent entraîne l'humidité et les germes de l'atmosphère, il éloigne les moustiques et assainit le sol;

7° Combler les mares ou flaques d'eau peu étendues voisines du camp et répandre sur les autres de l'huile de pétrole ou du goudron;

8° Distribuer des vêtements et des couvertures de laine pour la nuit, tenir la main à ce que les indigènes changent de vêtements lorsqu'ils sont mouillés et qu'ils ne passent pas la nuit dans des habits trempés ; les obliger à se laver matin et soir ;

9° Donner une nourriture substantielle comprenant des viandes, des légumes, des herbages, du café, du thé ; veiller à ce que l'eau d'alimentation soit bien pure et, dans le cas contraire, la clarifier avec de l'alun et la stériliser par un procédé chimique ;

10° Réduire les heures de travail au minimum, commencer à 6 heures du matin, suspendre à 10 heures et reprendre de 3 à 6 heures. C'est la journée de 7 heures ; fixer une durée plus longue, c'est demander une activité illusoire, improductive et dangereuse ;

11° Administrer de la quinine préventive aux indigènes et leur faire prendre un repas avant de les conduire sur les travaux.

PROPHYLAXIE DU PALUDISME PAR LA QUININE.

Le paludéen, avons-nous déjà dit, est dangereux pour ses voisins ; il y a donc lieu de le soumettre à un traitement par la quinine, qui jouit de la propriété de détruire les hématozoaires de Laveran. L'emploi préventif de la quinine, qui ne figurait naguère que parmi les mesures de prophylaxie individuelle, doit prendre place aujourd'hui parmi les mesures d'assainissement des localités, puisqu'un des moyens à opposer à l'extension du paludisme consiste à traiter et à guérir tous les gens qui en sont atteints, afin de préserver les autres.

Manière de traiter le paludisme. — La première chose dont doit bien se persuader tout paludéen, c'est qu'il doit s'astreindre à prendre régulièrement de la quinine pendant trois ou quatre mois s'il veut se débarrasser de ses hématozoaires. Celui qui n'en prend que de temps en temps, au moment des accès, ne se débarrasse que d'une partie de ses parasites, et ceux qui lui restent ne tardent pas à repulluler, si on n'y met aucun obstacle.

Dans plusieurs de nos colonies, on a des préjugés contre la quinine qu'on accuse volontiers de donner la fièvre, de produire de grosses rates et de faire uriner noir. Il est inutile d'insister sur de pareilles croyances, elles n'ont rien de fondé. Il est vrai, cependant, que de faibles doses de quinine suffisent parfois pour provoquer l'émission d'urines noires, mais il faut s'empresser d'ajouter que ce phénomène s'observe le plus souvent sur des sujets profondément impaludés et chez lesquels il ne se serait pas produit, s'ils s'étaient soumis au traitement quinique en temps opportun.

L'émission d'urines noires ou le *pissement de sang*, comme l'appellent la plupart du temps le plus grand nombre de gens, n'est d'ailleurs pas une contre-indication à l'administration de la quinine; c'est un indice qu'il faut l'administrer avec prudence, à doses moins élevées et surtout très espacées.

Le docteur Carreau, qui a longtemps exercé à la Guadeloupe, pays palustre par excellence, a signalé il y a plusieurs années cet effet de la quinine qu'il a souvent observé sur des membres d'une même famille, mais cela ne l'empêchait nullement de recourir à ce médicament. Pour éviter ces urines sanguinolentes ou noires chez des malades qu'il savait très sensibles aux moindres doses de quinine, il leur prescrivait 10 grammes de bicarbonate de soude dans de la tisane ou de l'eau pure, après quoi il a pu leur administrer une dose de quinine plus forte de moitié que celle qui leur occasionnait d'habitude des urines noires.

Manière de prendre la quinine. — Les sels de quinine se prennent en solution, en cachets, en comprimés, en pilules ou bien on les administre en injections hypodermiques. La solution, qui ne se fait qu'à la faveur d'un acide, est désagréable à prendre à cause de son amertume; aussi beaucoup de personnes se contentent-elles de la verser dans de l'eau ou dans du café noir qu'on remue vivement au moment de boire. Les pilules ont l'inconvénient de devenir très dures au bout d'un certain temps et de passer alors telles quelles à travers le tube intestinal; aussi ne saurait-on les conseiller que si elles sont de préparation récente. Les comprimés que l'on fabrique aujourd'hui sont à recommander, pour plusieurs raisons. Ainsi préparée, la quinine tient moins de place; de plus elle est exactement dosée, de sorte que l'on sait toujours la quantité de médicament que l'on prend, tandis qu'autrement beaucoup de gens absorbent ce qu'ils appellent des pincées qu'ils enrobent dans du papier à cigarettes et ne peuvent se rendre compte des doses qu'ils ingèrent, ce qui n'est pas sans présenter de gros inconvénients, attendu que de cette façon on en prend généralement trop.

L'administration de la quinine par la voie hypodermique est un excellent moyen de la faire absorber alors que les voies digestives ne se prêtent pas à l'absorption du médicament. Cette pratique doit être en général laissée au médecin, qui seul est capable de prendre toutes les précautions que nécessite cette petite opération.

L'Européen livré à lui-même doit prendre une dose de 5o à 6o centigrammes de quinine dès qu'il est pris d'accès de fièvre; il pourra renouveler cette dose dans les vingt-quatre heures. Si la langue est chargée, il devra prendre au préalable un purgatif ou un ipéca. Il continuera à prendre 1 gramme de quinine tous les jours pendant trois ou quatre jours, en prenant cette dose en deux ou trois fois, à des intervalles aussi espacés que possible.

Après ce laps de temps, la dose pourra être diminuée progressivement et ramenée à 75 centigrammes deux ou trois jours avant l'accès présumé, en ayant toujours soin de fractionner cette dose.

Pendant le deuxième mois, on n'en prendra que 5o à 6o centigrammes si les accès ne se renouvellent pas, car dans ce cas, il faudrait revenir à la dose initiale.

Au cours du troisième mois, 3o centigrammes seront suffisants à la condition de doubler la dose une ou deux fois par semaine.

Enfin, dans le quatrième mois, on pourra se contenter d'une dose de 6o centigrammes par semaine avec deux ou trois doses de 25 à 3o centigrammes dans les jours intermédiaires.

Tel est le traitement préconisé par Ronald Ross. Ce ne sont

là, évidemment, que des indications générales qui seront utiles aux colons isolés, mais qui pourront être modifiées par le médecin, qu'il faudra toujours faire appeler dès qu'on le pourra. Ce dont il faut bien se pénétrer, c'est que pour se débarrasser radicalement du paludisme, il faut rester long-temps sous l'imprégnation de la quinine. Quand on est en possession d'hématozoaires, il faut, en outre, prendre de gran-des précautions, s'abstenir de douches et de bains froids, éviter les refroidissements, la pluie, revêtir des vêtements de flanelle le soir et prendre une plus forte dose de quinine si on a une marche pénible à accomplir, un travail fatigant à exécuter et lorsqu'on quitte la plaine pour gagner les hau-teurs.

En terminant, nous conseillerons la quinine préventive prise chaque matin dans du café à la dose de 20, 25 ou 30 centi-grammes.

CONCLUSIONS.

Les détails dans lesquels nous sommes entré au sujet des moustiques montrent l'importance qu'ils jouent dans la trans-mission du paludisme; aussi doit-on organiser partout la lutte contre ces insectes, d'autant plus que pour les détruire il faut supprimer les mares, les marais, les marigots, les lieux hu-mides qu'on regardait autrefois comme seuls susceptibles d'en-gendrer le paludisme.

Quelle que soit la théorie à laquelle on se rallie, transmis-sion par le moustique ou transmission par le marais, le moyen de combattre la malaria reste le même dans les deux cas : la suppression du marais par comblement ou par assé-chement.

La lutte à organiser contre le paludisme ne devra être ni celle d'aujourd'hui ni celle de demain; ce sera une lutte à longue échéance qu'il faudra poursuivre sans trêve ni merci, si on ne veut pas perdre les bénéfices des premiers résultats acquis.

Elle doit être poursuivie dans tous les milieux, civils et militaires, dans les villes les plus grandes comme dans les localités les plus petites, dans les postes les plus éloignés, les casernes, les établissements publics, les hôpitaux, les maisons particulières; sinon on fera œuvre vaine.

Un excellent moyen d'assainissement serait d'obliger les indigènes à édifier leurs cases loin des habitations européennes, parce qu'ils constituent un danger permanent pour les Européens, à cause de leurs habitudes antihygiéniques, non seulement quand il s'agit du paludisme, mais aussi de toutes les autres endémies.

Dans les maisons particulières, les dépendances et les logements des indigènes devraient, pour les mêmes raisons, être à une certaine distance de la demeure du maître. Quand cette condition ne pourra être remplie, le propriétaire devra exercer une surveillance constante sur ces logis et les visiter de fond en comble une fois tous les huit jours, ainsi que nous l'avons indiqué plus haut.

Le drainage et l'asséchement des marais, leur comblement, l'apposition de treillages métalliques contre les ouvertures des habitations, la délivrance de moustiquaires, le bon entretien de la voirie, etc., entraîneront des dépenses qui pourront paraître élevées à première vue, mais qui seront cependant minimes en raison des services rendus. Elles seront d'ailleurs vite compensées par une diminution très sensible dans le nombre des journées d'hospitalisation et des rapatriements anticipés; aussi ne pouvons-nous que souhaiter de voir ces mesures appliquées le plus promptement possible.

CHAPITRE II.

FIÈVRE JAUNE.

Nous avons dit plus haut que, dès 1881, Finlay, médecin à la Havane, avait soupçonné la transmission de la fièvre jaune par le moustique. Cette opinion, qui ne fut pas admise à cette époque, a été reprise depuis par les médecins américains lorsque les États-Unis s'emparèrent de Cuba.

Ils firent des expériences sur l'homme, chose qui n'avait

pas encore été tentée; les sujets qui servirent à leurs expérimentations furent des immigrants qui consentirent à se laisser inoculer par des moustiques infectés après avoir sucé le sang de malades atteints de fièvre jaune.

De leurs recherches ils ont déduit les conclusions ci-après :

1° Le bacille qui avait été indiqué par Sanarelli comme étant la cause de la fièvre jaune n'est qu'un bacille d'envahissement secondaire;

2° Le moustique est l'hôte intermédiaire du parasite de la fièvre jaune.

Le moustique vecteur de la fièvre jaune est le *Culex fasciatus* ou *Stegomya fasciata*.

D'après les expériences faites, un moustique qui vient de piquer un malade de fièvre jaune ne peut transmettre immédiatement la maladie et, pour qu'il devienne dangereux, il doit s'écouler une période qui paraît varier entre douze jours en été, et dix-huit jours lorsque la température est plus basse.

Poursuivant leurs recherches, les médecins américains sont arrivés à constater que le sang d'un malade pris au deuxième jour et injecté à un homme sain pouvait lui donner la maladie. Plus tard, on a séparé le sérum du sang, on l'a fait filtrer à travers une bougie de porcelaine et les injections de ce sérum ont encore donné la fièvre jaune.

Il résulte de ces données que le microbe du typhus amaril réside dans le sang, mais qu'il est d'une ténuité telle que les microscopes dont nous disposons ne sont pas assez puissants pour nous déceler sa présence. Ce fait n'a rien qui doive nous surprendre; il est d'autres affections qui nous présentent la même particularité et pour lesquelles on est arrivé à cultiver le microbe sans le voir, telles que la clavelée, la péripneumonie, etc.

Les Américains ont alors dirigé leurs recherches d'un autre côté, afin de déterminer si, en dehors du moustique, il n'y avait pas d'autres moyens de contamination. On avait toujours pensé, et un grand nombre de personnes sont encore convaincues, que la fièvre jaune peut être également transmise par les vêtements, la literie, le linge ayant servi à des malades, mais les médecins de Cuba rejettent ce mode de transmission. Pour eux, une maison ne peut être considérée comme infectée de fièvre jaune que quand elle renferme des moustiques contaminés capables de convoyer le parasite de cette maladie. Dans ces conditions, les mesures de quarantaine contre les bagages et les marchandises seraient inutiles et elles ne devraient s'exercer qu'à l'égard des individus provenant de régions contaminées. Ces provenants devront être mis à l'abri des piqûres de moustiques.

On est donc porté à penser que pour combattre le fléau, il faut détruire les moustiques.

Les détails dans lesquels nous sommes entré à ce sujet à propos du paludisme nous dispensent de les exposer de nouveau; mais ce que nous désirons énumérer, ce sont les dispositions prises à Cuba pour atteindre le but qu'on se proposait : *juguler la fièvre jaune.*

Prophylaxie. — A peine débarqués à Santiago et à la Havane, les Américains se sont mis résolument à l'œuvre pour assainir ces deux villes, qui, sous la domination espagnole, avaient été des foyers de maladies infectieuses, grâce au *tout à la rue* qui y était cyniquement pratiqué.

A la fin de 1896, l'armée espagnole avait perdu 317 officiers et 10,475 soldats.

Les nouveaux occupants ont été bien moins éprouvés, grâce aux mesures radicales prises par eux pour secouer l'indolence antihygiénique des Cubains. Les odeurs désagréables qui caractérisaient les cités cubaines ont en partie disparu. On a si bien nettoyé, lavé, repeint, désinfecté, que l'atmosphère ambiante est devenue plus respirable et la vieille ville presque habitable.

Les rues ne servent plus d'égouts et toute personne qui viole les règlements est condamnée au travail des rues pendant 30 jours.

Le commissaire sanitaire a sous ses ordres 126 employés et 32 charrettes à mules ou tombereaux, qui enlèvent les immondices. Les rues sont maintenant très propres et les ordures sont brûlées régulièrement.

Le travail d'assainissement n'a pas été limité aux rues, il s'est étendu également aux habitations et aux intérieurs. Dans nombre de cas, les individus qui n'hésitaient pas à faire de la rue leur cabinet d'aisance ont été fouettés publiquement. Plusieurs des notables citoyens ont été cités devant le gouverneur général et ont été condamnés à aider au nettoyage des rues qu'ils avaient plutôt l'habitude de salir.

Grâce à ces moyens persuasifs, les habitants de Santiago payent aujourd'hui un tribut moins lourd aux épidémies.

Bien que nous ne puissions conseiller les mêmes moyens dans leur entier, nous n'en ferons pas moins remarquer les bons résultats dus à des mesures prophylactiques toujours possibles à appliquer, à la condition d'y mettre de la persévérance et de la ténacité. Nous les livrons en tout cas aux méditations des autorités municipales de nos différentes colonies, et nous ne saurions trop le répéter, c'est grâce au nouvel état de la voirie et à des prescriptions sanitaires rigoureusement appliquées que les Américains ont pu préserver leurs troupes de la fièvre jaune.

Après avoir assaini la ville, ils ont commencé à la Havane la lutte contre les moustiques le 16 février 1901 ; la saison était particulièrement propice, la fièvre jaune ne régnant à cette époque de l'année qu'à l'état sporadique. Les mesures prises furent les suivantes : un règlement de police obligea tous les habitants à faire disparaître les flaques d'eau qui existaient autour de leurs demeures et à recouvrir d'une toile métallique tous leurs récipients d'eau.

La ville fut divisée par quartiers parcourus par des équipes d'hommes munis de bidons contenant du pétrole ou de l'huile et qui avaient pour mission d'en verser dans les éviers, les puisards, les fosses d'aisance, etc., et après un avis, ils détruisaient impitoyablement les récipients d'eau potable où ils trouvaient des larves de moustiques.

D'autre part, on comblait ou on drainait les terrains marécageux et les mares des faubourgs qui pouvaient l'être ; dans le cas contraire, on versait à leur surface du pétrole que l'on renouvelait tous les huit jours.

Pour empêcher les Stegomya de piquer les malades atteints de fièvre jaune, toutes les ouvertures des hôpitaux spéciaux (portes et fenêtres) ont été garnies de toiles métalliques et leurs lits munis de moustiquaires.

La déclaration de la fièvre jaune étant obligatoire, dès qu'un cas se produisait dans une maison particulière, les ouvertures de cette dernière étaient immédiatement garnies de toiles métalliques et on imposait l'isolement médical.

Enfin, pour détruire les moustiques infectés, on employait successivement une quantité énorme de poudre de pyrèthre (150 livres par désinfection), la solution de bichlorure de mercure, le formol et la vapeur.

On s'est attaché à empêcher chaque cas de donner naissance à un foyer épidémique et, pour y arriver, on procédait de la manière suivante : la maison où avait séjourné le malade et les trois ou quatre maisons contiguës voisines étaient soigneusement désinfectées. Chaque chambre était close et scellée et on y faisait brûler de la poudre insecticide dans la proportion de une livre pour vingt-huit mètres cubes.

Pendant le mois d'avril on a nettoyé 20,000 maisons. Les mesures prises contre les moustiques ont été efficaces, car on a remarqué que les égouts collecteurs déversaient une grande quantité de larves mortes. Le résultat a été en tout cas des plus satisfaisants. En effet, du 1er avril au 1er octobre 1901, il n'y a eu à la Havane que cinq décès par suite de fièvre jaune. L'excellence de cet état sanitaire ressort encore plus nettement d'une comparaison avec celui des années précédentes, pendant lesquelles il y avait eu des cas de fièvre jaune *d'une manière continue*, à partir du 7 mai au plus tard. La moyenne de la mortalité par fièvre jaune, au cours des dix dernières années, avait été, pour le mois de septembre, de 70 (maximum 166, minimum en 1899 — 36); en 1901, il n'y avait eu que cinq décès.

Dans les cent cinquante dernières années, on n'avait jamais observé un pareil état sanitaire à la Havane, au point de vue de la fièvre jaune; il semble donc en résulter que cette situation est la conséquence des mesures prises contre les moustiques; elles sont en tout cas de nature à encourager les autorités responsables à poursuivre, *en tous temps et par tous les moyens*, la destruction de ces insectes, tant au point de vue de la fièvre jaune que de la filariose et du paludisme.

Les expériences tentées à la Havane et les résultats obtenus prouvent ce qu'on peut attendre de l'hygiène et de la prophylaxie.

La ville de Vera-Cruz, qui a toujours été un véritable nid à fièvre jaune, est restée à peu près indemne du fléau pendant une période de cinq années, à la suite d'améliorations considérables apportées à l'hygiène urbaine et d'une amenée d'eau irréprochable. La maladie a reparu lors de gigantesques travaux entrepris pour creuser un port sûr dans la rade foraine.

La transmission de la fièvre jaune par le moustique est aujourd'hui admise, mais cette maladie ne peut-elle pas se transmettre par une autre voie?

La commission américaine chargée de rechercher l'étiologie de la fièvre jaune à Cuba s'est prononcée d'une façon très ferme contre la propagation par les vêtements et la literie, à la suite d'expériences faites dans une maison spéciale construite à cet effet. Des médecins et des infirmiers ont remué des linges souillés par des déjections de typhiques, les ont étendus sur leurs lits pendant la nuit, et aucun d'eux n'a contracté la maladie; il faut ajouter qu'ils avaient eu le soin de garnir les ouvertures de la pièce de grillages métalliques pour se mettre à l'abri des moustiques.

La théorie de la transmission par le moustique n'explique pas tous les cas de contagion; aussi, tout en l'acceptant, sommes-nous obligé à des réserves, car il est à présumer qu'il existe d'autres moyens de propagation.

Nous estimons en effet qu'il serait dangereux de tout rapporter au moustique et de négliger complètement les modes de transmission admis jusqu'à présent; aussi ne pouvons-nous que conseiller, jusqu'à plus ample informé, de considérer les vêtements et les objets de literie ayant servi à des malades, comme des plus dangereux au point de vue de la conservation et de la propagation des germes, et ne saurions-nous trop recommander de procéder à une désinfection minutieuse de tous ces objets.

Si tout porte à croire que le germe de la fièvre jaune réside dans le sang des malades, nous ne savons pas d'où il provient.

Quand une épidémie éclate dans une localité, comment prend-elle naissance?

Toutes celles qui ont sévi dans nos colonies ont pris naissance de trois manières :

1° Par réveil probable de l'endémicité;

2° Par transport des germes d'un point contaminé, par des navires ou autrement;

3° Par fructification au grand jour de germes enfouis dans le sol ou restés dans les hardes, les matelas, les bois de lit, les ballots de marchandises, toutes choses n'ayant pas été suffisamment désinfectées.

Influence du sol. — Tous les médecins qui ont écrit sur la fièvre jaune attribuent au sol une grande influence sur la genèse de la maladie. Jourdanet fait remarquer que les Espagnols qui, pendant plus d'un siècle, ont suivi dans le Nouveau-Monde les premiers aventuriers ont été épargnés par la fièvre jaune; ils n'ont été atteints que quand, voulant se donner un certain bien-être, ils ont opéré des déboisements pour mettre les terres en culture.

Dans beaucoup de localités qui avaient été visitées par la fièvre jaune, la réapparition de la maladie a souvent coïncidé avec l'entreprise de travaux nécessitant le remuement du sol. On a constaté également que le nombre des cas et leur gravité ont atteint leur maximum dans le voisinage des endroits où on exécutait des travaux et parmi les gens qui y étaient employés.

Signalons en outre qu'au Soudan la fièvre jaune a éclaté au moment où on avait mis au jour des tombes où avaient été enterrés des gens morts de fièvre jaune plusieurs années auparavant, lors de la construction du chemin de fer. À Grand-

Bassam, le fléau a également paru à la suite de travaux au cours desquels on a déplacé d'anciens cimetières et extrait des vases de la lagune pour combler des excavations. Or cette localité a été visitée à différentes reprises par la fièvre jaune. Lors de la dernière épidémie du Sénégal en 1900, on avait également exécuté des travaux au cours desquels des ossements, dont on ignorait la provenance, avaient été mis à découvert.

Le sol semble donc avoir une grande influence dans la production des épidémies de fièvre jaune; il faudra en tenir compte quand on entreprendra des travaux et s'astreindre à certaines précautions. Pour les exécuter, on choisira de préférence la saison sèche, le soleil étant un grand destructeur de germes et les moustiques, agents propagateurs, étant alors moins abondants; puis chaque fois qu'on mettra à nu des ossements, il sera nécessaire de désinfecter le terrain, soit au moyen de copeaux de bois arrosés de pétrole qu'on fera flamber, soit au moyen d'arrosages de solutions d'acide phénique ou de sublimé, de crésyl, de chaux vive ou de chlorure de chaux. Ce n'est qu'après avoir procédé à cette désinfection qu'on pourra transporter les ossements ailleurs.

Comme conclusion, nous dirons que, lors de l'apparition d'une épidémie, il faudra disséminer par petits groupes, hors du foyer, les personnes susceptibles de contracter la maladie, les isoler, désinfecter les logements où se seront produits des cas et les immeubles voisins, ainsi que leur contenu; rendre obligatoire la déclaration de la maladie et apposer immédiatement des grillages contre toutes les ouvertures.

Inhumations. — Enfin, lors de l'inhumation des cadavres de fièvre jaune, il sera indispensable de les placer dans un lit de chaux vive, après avoir ouvert les cavités thoracique et abdominale qui seront bourrées de substances antiseptiques, ainsi que la cavité buccale. Les corps seront inhumés dans des fosses profondes et dans des cimetières qui ne devront jamais être désaffectés.

Telles sont les mesures à prendre pour parer aux premières éventualités; mais, étant donné ce que nous savons de la vitalité du bacille de la fièvre jaune et de sa réviviscence possible après une période encore indéterminée, mais qui peut être de plusieurs années, de sa conservation dans les tombes où ont été déposés les gens morts de cette affection, il serait indispensable, pour détruire tous les germes, de recourir à la *crémation*.

Cette pratique n'est pas encore entrée dans nos mœurs; elle s'impose pourtant aux pays chauds, plus que partout ailleurs, non seulement pour la fièvre jaune, mais pour toutes les maladies contagieuses.

Les réglements sanitaires prohibent d'une manière absolue le transport dans la métropole des restes mortels des personnes décédées de fièvre jaune; si la crémation était appliquée, cette prohibition n'aurait plus sa raison d'être et il n'y aurait plus lieu de refuser aux familles l'autorisation de faire revenir à peu de frais en France les cendres de ceux qu'ils ont perdus loin du sol natal.

Ce serait donc à la fois une mesure de salubrité publique, qui offrirait des avantages inappréciables en nous mettant à l'abri du retour offensif du fléau, et une consolation pour les familles.

CHAPITRE III.

LÈPRE.

La lèpre est une affection commune dans nos possessions d'outre-mer et qui a été de tout temps l'objet des préoccupations constantes des administrations locales, à en juger du moins par les nombreuses dispositions prises dans nos vieilles colonies pour isoler les malades.

La lèpre est contagieuse, nous n'en voulons pour preuve que la rapidité avec laquelle elle s'est étendue dans certaines régions tropicales, frappant non seulement les indigènes, mais aussi les Européens. Sa contagiosité n'avait fait d'ailleurs de doute pour personne dès son apparition en Europe; aussi avait-on pris toutes les mesures nécessaires pour se garantir du contact des lépreux, qui devaient toujours signaler leur présence aux passants, et avait-on établi pour eux des lieux de réclusion.

La contamination se fait évidemment d'une manière plus

active aux pays chauds que sous nos climats, parmi les indigènes
que parmi les Européens; il n'en est pas moins vrai qu'elle
prend dans certaines colonies une extension inquiétante à laquelle il faut opposer le plus tôt possible une barrière solide.

Or, jusqu'à présent, on n'a fait que peu de chose pour
combattre le fléau. Nos colonies de la Guyane, des Antilles et
de la Réunion possèdent des léproseries, mais elles ne ren-
ferment que des malheureux qui, n'ayant aucun moyen d'existence, trouvent là un refuge pour abriter leur misère.

Nos autres possessions, à part l'Inde, Madagascar et la
Nouvelle-Calédonie, n'ont aucun établissement particulier; dans
plusieurs d'entre elles, les lépreux s'isolent d'eux-mêmes, unis-
sant leurs misères pour vivre en commun et s'entr'aider les uns
les autres, mais ils circulent à leur gré, implorant la charité et
se tenant en général près des marchés où ils vont chercher leur
nourriture.

Prophylaxie. — Des décrets prescrivant les mesures propres à
enrayer la maladie ont été pris pour la Guyane et la Nouvelle-
Calédonie, mais ils sont restés lettre morte, les médecins des
familles lépreuses se retranchant derrière le secret professionnel
pour ne pas divulguer les cas de maladie.

Pour obvier à cet inconvénient, l'Administration centrale a
fait ajouter la lèpre à la liste des maladies dont la déclaration
est obligatoire aux colonies. Il faut espérer que cette mesure
contribuera à enrayer le mal, qui n'est déjà que trop répandu.

Le remède à opposer à la lèpre est encore à trouver; aussi,
pour le moment, *l'isolement rigoureux des malades est-il le seul
moyen efficace à opposer à la propagation de cette maladie.*

La contamination est partout en pays lépreux. Il est donc
de toute nécessité de surveiller ces malades afin de leur interdire toutes les professions qui sont de nature à favoriser la
propagation de la maladie. Dans plusieurs localités, on a signalé des lépreux exerçant la profession de boulanger, de pâ-
tissier, de boucher, de blanchisseur, de jardinier vendant des
salades au marché, etc.

Des colons commercent avec des indigènes manifestement

lépreux, d'autres n'hésitent pas à recourir à eux pour une foule de petits services.

Les écoles ont également besoin d'être surveillées et on doit en exclure les enfants suspects de lèpre, qui contaminent leurs petits camarades par leur contact et en buvant tous, souvent à même, au robinet de la fontaine ; les livres des bibliothèques prêtés à domicile, le lavage en commun du linge appartenant à des lépreux et à des gens sains, l'habitation dans des logements précédemment occupés par des malades, les bains pris dans des rivières où ils se baignent habituellement, sont autant de causes de contamination pour tous.

Bien des lépreux sans asile font des marchés leur demeure habituelle et couchent la nuit sur les étals où on débitera le lendemain des denrées. Il n'y a pas besoin d'insister davantage sur la nécessité d'éloigner de ces lieux les malheureux lépreux qui sèment ainsi partout le contage d'autant plus facilement qu'ils laissent à nu leurs plaies suppurantes, afin d'apitoyer sur leur sort.

La première chose à faire pour enrayer l'extension de la lèpre serait d'éclairer les Européens sur les dangers qu'ils courent en se laissant approcher par les lépreux. Ils ne devraient, par suite, prendre à leur service que des indigènes qui auraient été soumis au préalable à une visite médicale. Nous connaissons des exemples d'enfants européens contaminés par des domestiques indigènes.

La lèpre, je ne saurais trop le répéter, est une maladie contagieuse qui n'est engendrée que par le lépreux ; c'est ce qu'il faudrait faire savoir aux Européens et aux indigènes par tous les moyens possibles, par exemple par des brochures, répandues à profusion.

Les indigènes, avec leurs habitudes de saleté, se contaminent entre eux avec une facilité encore bien plus grande, en se passant la pipe ou la cigarette de bouche en bouche, et en plongeant leurs mains mutilées dans le plat commun. Il faut donc séparer les malades des gens sains et reléguer les premiers dans des léproseries.

Le danger de contamination n'existe pas seulement aux colonics, il peut surgir un jour dans la métropole par suite de apports successifs dont nous gratifient constamment les pays lépreux. Aussi le meilleur moyen d'en préserver la métropole est-il de détruire le mal dans ses foyers d'origine.

Il est une autre question qui doit être l'objet de la préoccupation des pouvoirs publics, c'est celle des enfants issus de parents lépreux.

Les enfants nés dans ces conditions viennent en général au monde indemnes du terrible mal; il y aurait donc grand intérêt à les soustraire le plus tôt possible au milieu lépreux. Dans l'état actuel de nos connaissances sur la lèpre, on ne peut fixer l'époque à laquelle ces enfants doivent être séparés de leurs mères. Le mieux serait certainement de les confier dès leur naissance à une nourrice. Il ne faut pas se dissimuler cependant que la chose n'est pas aussi simple qu'elle le paraît tout d'abord; on se trouvera en effet immédiatement en présence de grandes difficultés. Trouvera-t-on facilement une mercenaire consentant à allaiter un enfant issu de lépreux?

D'autre part, peut-on conseiller de recourir à l'allaitement au biberon en milieu indigène, alors que nous voyons chaque jour combien il est hérissé chez nous de difficultés et la mortalité considérable qui pèse sur les enfants élevés de cette façon, par suite des soins minutieux qu'il réclame et qu'on ne saurait demander à des indigènes?

Léproseries. — Nous avons dit plus haut que l'isolement était actuellement le seul moyen à opposer à l'extension de la lèpre; or, *l'isolement rigoureux est indispensable* et il ne peut avoir lieu que dans une léproserie.

Les établissements de ce genre doivent remplir certaines conditions que nous allons résumer aussi brièvement que possible :

Ils doivent être tout d'abord édifiés, loin des centres populeux, sur des terrains suffisamment étendus pour permettre aux lépreux encore valides de se livrer à la culture, ce qui atténuera en partie les dépenses de l'établissement, et posséder de l'eau en abondance.

Les bâtiments destinés à les recevoir seront disposés de telle sorte qu'ils soient bien aérés, d'un nettoyage facile, et que les lépreux puissent se grouper; ils ne devront pas contenir plus d'une dizaine de lits. Des cases spéciales devront être mises à la disposition des familles et les enfants reconnus sains devront être enlevés le plus tôt possible à leurs parents et placés dans un orphelinat qui pourrait être annexé à l'établissement.

Il est en outre indispensable qu'un médecin soit attaché à la léproserie, ou tout au moins qu'il y fasse de fréquentes visites, car, si on n'a pas encore trouvé le remède qui guérit la lèpre, il en est tout au moins dont l'administration produit des temps d'arrêt dans la maladie. Quelques-uns, appliqués avec méthode, ont amené la cicatrisation d'ulcères qui ont pu faire croire à ces déshérités que cette régression de la maladie était un acheminement vers la guérison. Il serait inhumain de leur enlever ces illusions et de les laisser abandonnés à eux-mêmes, les lépreux étant des malades à qui on doit des compensations, en échange de leur liberté qu'ils aliènent pour sauvegarder l'humanité du pire fléau qui puisse lui arriver.

CHAPITRE IV.

BÉRIBÉRI.

Le béribéri est une maladie qui sévit chaque année dans la plupart de nos possessions coloniales, frappant exclusivement les populations indigènes et plus particulièrement les prisonniers, les travailleurs engagés et parfois les soldats en colonnes. Il revêt de temps en temps la forme épidémique, surtout dans notre grande colonie indo-chinoise, où les foyers principaux sont l'île de Poulo-Condore, qui sert de bagne à tous les forçats d'origine asiatique, et la prison centrale de Saïgon. Il est en décroissance à la Guyane et aux Antilles, où on n'observe actuellement que des cas isolés, tandis qu'au temps de l'esclavage et de l'immigration indienne, on constatait chaque année de petites épidémies sur les placers et sur les propriétés agri-coles de ces possessions.

Depuis 1897, il a pris chaque année l'allure épidémique en Cochinchine, tant à Saïgon que dans les postes de l'intérieur et à Poulo-Condoré. Le tableau ci-après donne les pourcentages de la morbidité, de la mortalité par rapport à l'effectif et le nombre des décès pour mille malades occasionnés par cette affection à Poulo-Condore pendant une période de trois années.

ANNÉES.	MORBIDITÉ P. 1000 D'EFFECTIF.	MORTALITÉ P. 1000 D'EFFECTIF.	DÉCÈS P. 1000 MALADES.
1898............	582	491	841
1899............	532	435	815
1900............	391	193	488

En 1899, l'hôpital indigène de Choquan, qui reçoit tous les individus de race colorée, a compté 587 entrées pour béribéri, suivies de 226 décès; en 1900, le chiffre des béribériques ne s'est élevé qu'à 410 et le nombre des décès n'a été que de 135. Je pourrais citer d'autres chiffres relativement élevés pour d'autres colonies, mais ceux que je viens d'énumérer sont amplement suffisants pour donner une idée du tribut que les indigènes soumis à notre domination paient à une maladie dont on peut cependant diminuer les ravages.

Le béribéri a toutes les allures d'une névrite périphérique atteignant à la fois les nerfs mixtes et le système sympathique, le pneumogastrique en particulier. Les troubles assez rares de la sensibilité peuvent se rattacher à des lésions médullaires. Notre collègue le docteur Simond, qui s'est rendu à Poulo-Condore pour étudier sur place la maladie, a dirigé ses recherches principalement sur les nerfs et la moelle, afin d'essayer de mettre en évidence un microbe qui, théoriquement, peut être la cause de la maladie, mais ses essais très nombreux ont constamment échoué. Dans tous les milieux employés, les ensemencements de sang, de substance nerveuse et d'éléments des divers organes recueillis purement chez les béribériques, sont demeurés stériles.

3.

Plusieurs microbes ont été décrits comme caractéristiques du béribéri par des auteurs qui les auraient vus dans le foie, la rate ou d'autres organes. A la suite de nombreux examens, Simond a constaté qu'on ne rencontre pas habituellement ces microbes dans les organes des béribériques. Il lui a été impossible de déceler dans la rate, le foie, le sang, le cerveau, la moelle et les nerfs, soit à l'état frais, soit sur des coupes préparées et colorées selon les moyens usuels, la présence de microbes assez constants pour mériter d'être incriminés.

Fajardo, de Rio-de-Janeiro, a signalé la présence d'un hématozoaire non décrit dans le sang des béribériques et d'un pigment fabriqué par lui, ainsi que l'analogie des phases de son développement avec celles de l'évolution du parasite de la malaria; le 24 janvier 1900, il signala sa présence dans le cerveau.

D'autre part, Praeger en 1870, puis Van-Leent quelques années plus tard, ont considéré le béribéri comme une maladie d'inanition causée par l'absence totale ou partielle de certains éléments de nutrition dans le régime quotidien, entre autres la graisse.

Van Leent a insisté sur la nécessité d'introduire dans la ration des indigènes employés à bord des navires, aux Indes néerlandaises, pour les préserver du béribéri, des albuminoïdes et de la graisse; il déclare en avoir retiré un grand bénéfice.

Prophylaxie.— L'étiologie du béribéri est encore à trouver, aucun argument précis n'ayant été apporté jusqu'à présent en faveur de l'une ou l'autre des deux hypothèses courantes : infection microbienne ou intoxication chimique. Nous connaissons cependant quelques-unes des causes favorables à son éclosion, nous allons les passer succinctement en revue. Cette maladie ne frappe que certains individus ou certains groupes d'individus placés dans des conditions particulières. Citons tout d'abord ceux dont le régime alimentaire est réglé et réglementé, qui se trouvent par suite dans l'obligation d'en puiser les éléments à un approvisionnement déterminé et qui n'ont ni le temps ni les moyens de changer quoi que ce soit à l'ordinaire qui leur est imposé. Ce fait est tellement vrai qu'on n'observe jamais le béribéri sur les vagabonds ni sur les mendiants qui, n'étant jamais assurés de satisfaire leur appétit, puisent leur nourriture un peu partout et échappent à la maladie grâce à la diversité de leur régime. A Mayotte, le béribéri sévit surtout sur les indigènes employés aux usines, qui ne peuvent, comme leurs camarades occupés sur les plantations, varier leur alimentation par les mille riens : mangues, bananes, cannes à sucre, maïs, manioc, que se procurent ces derniers en allant à leur travail.

En Nouvelle-Calédonie, à l'arrivée des travailleurs annamites et japonais qui avaient souffert du béribéri pendant la traversée, on les divisa en deux groupes : le plus nombreux, destiné aux mines, astreint de ce fait à un régime uniforme et à une ration toujours la même, fut décimé par la maladie ; le second, mis à la disposition des colons, qui eut la possibilité de varier son alimentation, resta indemne.

Quelques observateurs ont accusé le riz de donner le béribéri, d'autres ont incriminé le poisson salé, d'autres enfin l'ont attribué au manque de graisse dans l'alimentation.

L'origine alimentaire exclusive du béribéri ne paraît pas soutenable ; au Brésil, on a constaté des atteintes graves parmi les familles les plus aisées ; à Counani, ancien territoire contesté franco-brésilien, le médecin de l'escorte de tirailleurs sénégalais que nous y entretenions nous a signalé que deux officiers de la délégation brésilienne, ainsi que la femme de l'un d'eux, ont été sérieusement frappés, bien que leur régime fût excellent et alors que les gens du pays étaient indemnes. Le même fait a été constaté à la Réunion sur des créoles de couleur vivant dans l'aisance. La mauvaise qualité des vivres, la monotonie ou l'insuffisance de la ration ne suffiraient pas à elles seules pour engendrer le béribéri si d'autres causes ne venaient s'y ajouter, telles que l'encombrement, l'humidité, les influences morales ; en un mot, tout ce qui est susceptible de débiliter l'organisme et de le mettre dans un état de résistance moindre, devient une cause adjuvante.

Les influences morales jouent un rôle des plus importants. Dans certaines colonies de la côte occidentale d'Afrique, les prisonniers et les hommes libres se trouvent à très peu près dans les mêmes conditions sous le rapport de l'alimentation et du logement, et cependant la maladie ne sévit que sur les premiers et épargne les seconds, qui n'ont pas à subir la dépression morale qui est l'apanage des condamnés et des engagés. Cette cause influe tellement sur la production et l'issue de la maladie, qu'il a souvent suffi d'ouvrir les portes des prisons pour voir guérir des cas considérés comme désespérés, et, sans aller si loin, la promesse d'une remise de peine ou de réduction d'engagement a produit le même résultat.

A Poulo-Condore, la résistance à la maladie a été très variable, suivant qu'on avait affaire à des Annamites, à des Tonkinois, à des Chinois ou à des Cambodgiens. Ces derniers, qui ne peuvent se faire à la vie du bagne, contractent plus facilement la maladie, ne réagissent pas et se laissent mourir. Les Annamites et les Chinois, au contraire, qui ne se laissent point déprimer et qui ne sont que peu ou pas impressionnés par le sort qui leur est réservé, recherchent les emplois privilégiés, échappent à la nostalgie et luttent de cette façon contre la maladie.

Il est une autre cause qui prédispose les condamnés et les engagés au béribéri : c'est le travail qu'on leur impose et qui, le plus souvent, est au-dessus de leurs forces. La nourriture des indigènes est pauvre, et si elle leur suffit en temps ordinaire, parce qu'ils ne font rien ou presque rien, elle devient insuffisante dès qu'on exige d'eux un travail continu nécessitant de grands efforts. Ce travail devient alors un véritable surmenage; aussi faiblissent-ils rapidement et deviennent-ils une proie facile pour la maladie si on ne modifie pas leur alimentation. On observe fréquemment le même fait sur nos soldats indigènes au cours de marches forcées, et le seul moyen d'y remédier est de leur délivrer une ration qui se rapproche de celle des Européens.

Le froid humide joue également un grand rôle dans l'éclosion des épidémies de béribéri sous tous les climats; il est si manifeste, que les indigènes eux-mêmes sont unanimes à le reconnaître. L'impossibilité dans laquelle se trouvent le plus

souvent les prisonniers et les engagés de changer leurs vêtements mouillés et l'obligation de passer ainsi la nuit sur une
natte étendue sur le sol, sont des causes adjuvantes de la
maladie. Aussi ne peut-on attribuer l'apparition du béribéri à
telle ou telle cause, mais bien à un ensemble de causes qui
s'ajoutent les unes aux autres.

Il y a quelques années, je fus chargé d'accompagner dans
l'Inde un convoi de 800 coolies qui avaient terminé depuis
longtemps leur engagement, puisque quelques-uns d'entre eux
comptaient dix-huit ans de séjour à la Guyane ou aux Antilles.
Or il était de règle de voir apparaître le béribéri parmi ces
immigrants, qu'on entassait sur des navires, qu'on nourrissait
mal, qui subissaient de brusques variations de température et
qui vivaient dans une humidité constante pendant les intermi-
nables traversées des navires à voiles doublant le Cap de
Bonne-Espérance. Le convoi qui m'était confié était peu bril-
lant au point de vue sanitaire, quelques Indiens étant très
anémiés, mais ils avaient la bonne fortune de se trouver sur
un navire à vapeur possédant un entrepont spacieux, où l'air
et la lumière pénétraient à flots par de larges panneaux; de
plus, tous étaient soutenus par la joie du retour au pays natal.
On relâcha souvent pour faire d'amples provisions de viande
et de vivres frais, puis, pour soustraire les immigrants au
froid humide qu'on rencontre par le travers de Montévidéo,
on changea l'itinéraire suivi habituellement par les navires
qui doublent le Cap, et qui consiste à longer, pendant assez
longtemps, la côte sud-américaine, avant de traverser l'Océan.
Au départ de la Martinique, on piqua immédiatement sur la
côte occidentale d'Afrique et on évita de la sorte de brusques
changements de température. Tous les passagers étaient astreints
à séjourner le plus possible sur le pont, quand le temps le
permettait, et grâce à l'ensemble de toutes ces mesures, le
convoi arriva à Pondichéry sans avoir présenté un seul cas de
béribéri, fait unique dans les traversées de convois d'immigrants indiens.

C'est également aux améliorations qu'on s'est enfin décidé à
apporter dans les règlements du pénitencier de Poulo-Condore,

en ce qui concerne l'alimentation des condamnés, la diminution des heures de travail, la facilité qui leur a été donnée de changer de vêtements quand ils sont mouillés, les lits de camp élevés au-dessus des dalles qu'on leur a délivrés pour les soustraire à l'humidité du sol, que l'on doit la diminution du nombre de cas de béribéri au cours de l'année 1900, ainsi que permet de le constater le tableau du pourcentage de la morbidité et de la mortalité.

La cause du béribéri n'a pas encore été découverte, ainsi qu'on a pu le constater par ce qui précède. Elle a été cependant discutée au mois de juillet 1902 au Congrès médical de Manchester.

Les médecins qui ont pris part à la discussion ont souvent émis des avis tout à fait opposés au sujet de l'étiologie de cette affection; aussi allons-nous les résumer :

Patrick-Mansen a essayé de prouver :

1° Que la cause immédiate du béribéri est une toxine;

2° Que la toxine du béribéri est sécrétée par un germe vivant;

3° Que le germe producteur de cette toxine doit, pour proliférer, se trouver dans un milieu approprié, un milieu de culture;

4° Que ce milieu n'est pas le corps de l'homme;

5° Que la toxine béribérique ne pénètre dans le corps humain ni avec les aliments, ni avec l'eau de boisson.

En forme de conclusion, il émet l'avis que la contagion se fait, soit par la voie pulmonaire, soit par une solution de continuité de la peau, soit par un insecte servant d'intermédiaire.

Le docteur E. R. Rost a exprimé un avis différent : il a trouvé dans le riz délivré aux détenus de la prison de Micktila, où sévissait le béribéri, un microcoque qu'il crut être le germe de la maladie. A Rangoon, il a découvert dans l'eau de riz, entre les grains d'amidon de riz moisi, un diplobacille angulaire dont les spores résistaient à une température de 94° centigrades. Il a retrouvé le même micro-organisme dans le sang et le liquide cérébro-spinal des béribériques. L'auteur conclut d'expériences faites sur des animaux, que le béribéri est bien dû à un micro-organisme qui siège dans le sang.

M. L.-N. Sambon affirme que le riz est bien le véhicule de l'agent du béribéri, qui proviendrait des excréments des rats qui infestent les greniers; Lacerda a soutenu, en effet, que ces rongeurs pouvaient être atteints de béribéri.

D'après Sambon, l'agent spécifique est bien dans le corps de l'homme; aussi propose-t-il les mesures ci-après :

1º Ne recruter que des individus n'ayant jamais eu d'atteintes de béribéri;

2º Isoler rigoureusement les malades;

3º Protéger et désinfecter les plaies et les érosions de la peau chez les personnes obligées de vivre avec les béribériques;

4º Varier l'alimentation, en donner une riche en azote et veiller surtout sur la qualité du riz.

M. James Cointle a tenu à préciser que le béribéri est une maladie essentiellement infectieuse et qu'elle n'est pas causée par l'insuffisance de l'alimentation. Il résulte des faits qu'il a observés, que les blessés porteurs d'ulcères ou de solutions de continuité de la peau sont surtout aptes à subir la contagion; aussi ne devrait-on jamais, d'après lui, introduire des béribériques dans des salles de blessés.

Nous avons dit plus haut que, dans nos colonies, le béribéri frappait exclusivement les populations indigènes; à la Réunion, il sévit indifféremment sur les Asiatiques et sur les créoles colorés. Quelques observateurs ont cependant rapporté que les blancs pouvaient également être atteints. Le béribéri, ou plutôt une sorte d'hydrémie scorbutique ayant du rapport avec lui, a été observé, en 1867, sur des matelots hollandais du *Phœnix*. D'après Le Roy de Méricourt, la même observation a été faite pour une centaine d'Européens du *Von-Speix* et pour soixante-dix hommes du *Java*, allant de Sumatra en Hollande. Chantemesse et Ramond ont observé sur les aliénés de l'asile de Sainte-Gemme une épidémie qui ressemblait étroitement, par ses symptômes et son anatomie pathologique, à la maladie dite *béribéri* observée dans les asiles d'aliénés de Dublin, en Irlande, et de Tusculosa, aux États-Unis. Il semblerait résulter de ces faits que, dans certaines conditions, la race blanche n'échappe pas à la maladie.

Jusqu'à présent, nous n'en avons pas eu la confirmation dans les nombreux rapports qui nous parviennent des colonies; à la Guyane, on constate fréquemment des cas de scorbut sur les transportés européens soumis au régime cellulaire, mais jamais un cas de béribéri n'a été signalé. En Nouvelle-Calédonie, des transportés, employés aux mines, ont été atteints de scorbut, alors que les Japonais des mêmes mines présentaient du béribéri.

On a porté parfois le diagnostic de béribéri en présence de certaines polynévrites, mais le doute a toujours plané sur ces diagnostics et le plus souvent il a fallu reconnaître plus tard que les maladies en présence desquelles on se trouvait pouvaient tout aussi bien être imputées à l'éthylisme ou au paludisme.

Contagion. — On s'est souvent demandé si le béribéri était contagieux et les avis à ce sujet sont très partagés. Les partisans de la contagion font valoir à l'appui de leur théorie qu'il suffit d'évacuer les locaux où se sont produits des cas de béribéri et de disséminer le personnel pour soustraire les hommes valides à l'infection.

Les adversaires font observer que l'évacuation et la désinfection des locaux n'ont jamais suffi à enrayer la maladie si on n'y a pas joint d'autres mesures également efficaces. Ils invoquent, en outre, à l'appui de leur thèse, le cas des tirailleurs sénégalais, en service à Madagascar, qui, atteints de béribéri, ont continué à coucher avec leurs femmes et leurs enfants sans les contaminer; les tirailleurs sakalaves, qui étaient en contact avec eux, n'ont pas été atteints. A Poulo-Condore, tous les prisonniers en possession de situations privilégiées, domestiques, pêcheurs, etc., échappent le plus souvent à la maladie, bien que passant la nuit dans les salles communes. Les miliciens, préposés à la garde des condamnés et en contact continuel avec eux, restent indemnes, quoique de même race. Tous ces faits sont de nature à donner raison aux non-contagionnistes, car si le béribéri était contagieux, il semblerait difficile d'expliquer comment des gens en contact aussi intime avec les malades échappent à l'infection.

Notons, en passant, qu'à l'hôpital de Choquan on a observé le béribéri sur des lépreux.

Les saisons n'ont aucune influence sur la maladie qui nous occupe; on l'a observée dans nos différentes possessions d'outre-mer aussi bien pendant la saison sèche que pendant la saison pluvieuse.

Traitement. — On a employé contre le béribéri les traitements les plus variés; les diurétiques, les purgatifs, les sudorifiques, les toniques, ont été mis successivement en usage.

Le seul médicament qui semble avoir donné quelques résultats, en Indo-Chine, est la teinture de kola. On a accusé le riz décortiqué de produire la maladie et on a indiqué comme remède le paddy ou riz non décortiqué. D'autres observateurs, attribuant le béribéri au manque de graisse dans l'alimentation, considèrent la graisse de porc comme infaillible. Ces deux opinions sont l'une et l'autre trop exclusives. La décoction de paddy, employée à Madagascar à la dose de deux litres par jour dès le début, a fait disparaître de légers œdèmes en poussant à la diurèse, mais l'expérimentation n'a pas été d'assez longue durée pour qu'on puisse en tirer des conclusions. Quant à la graisse de porc, elle a été également essayée dans nos différentes colonies, mais sans résultat appréciable.

En somme, le traitement du béribéri est encore à trouver; nous sommes heureusement mieux armés pour sa prophylaxie. Nous savons, en effet, que cette maladie s'installe difficilement dans les agglomérations indigènes qu'on soustrait aux conditions susceptibles de débiliter l'organisme, telles que l'encombrement, une nourriture mauvaise ou monotone, le surmenage, les peines morales ou physiques, l'impossibilité de changer de vêtements quand ils sont mouillés, l'obligation de coucher sur le sol, etc.

Pour prévenir le béribéri, il faut entourer les indigènes d'une grande sollicitude, et si les administrations et les employeurs ne le font par humanité, ils devraient au moins le faire dans leur propre intérêt. Malheureusement, il n'est pas toujours aisé de leur faire comprendre qu'ils ont tout avantage à bien soigner leurs gens s'ils veulent en tirer tout le travail utile. Le plus souvent, dès que l'épidémie est passée, on se relâche, on diminue le bien-être, on essaie d'écouler peu à peu le stock de vivres médiocres qu'on possède en magasin, et on est tout étonné de voir reparaître la maladie, qu'on mettra le plus souvent sur le compte de la contagion, alors qu'elle ne sera due qu'au retour au régime antérieur.

Les exemples de ce que peut l'amélioration dans l'alimentation sont cependant nombreux; nous ne citerons que ce qui s'est passé dans la marine de guerre japonaise. Lorsque la ration ne comprenait que du riz et du poisson sec, le nombre des matelots atteints de béribéri était, par année, de 231 à 404 p. 1.000; en six ans, de 1878 à 1883, le nombre des décès s'est élevé à 246. Dès 1884, une ration plus complète, comprenant de la viande, du lait, des céréales azotées et moins de riz, est distribuée : on voit immédiatement les cas de béri-béri tomber à 127 p. 1,000 et les décès à 11 de 1884 à 1894, malgré l'augmentation de l'effectif, qui avait été doublé au cours de ces onze années.

Nous avions donc raison de dire, au début de cette étude, que le béribéri est une maladie dont on peut diminuer les ravages. Aussi, dès que cette maladie se déclare dans un groupe, le meilleur moyen de la combattre est de supprimer les conditions fâcheuses auxquelles il est soumis. Il faut alors évacuer le foyer, le désinfecter, disséminer les individus, séparer et hospitaliser tous ceux qui sont suspects de maladie ou simplement anémiés; substituer à une ration médiocre une alimentation abondante dans laquelle on fera entrer du lait, de la viande fraîche, du poisson frais, des légumes verts et qui se rapprochera, autant que possible, de la nourriture habituelle des classes aisées de la race à laquelle appartiennent les individus. Enfin il ne faut pas perdre de vue qu'un travail continu constitue un surmenage pour des indigènes insuffisamment alimentés. C'est en opérant une sélection parmi des prisonniers employés aux mines de Kébao, au Tonkin, en renvoyant les plus faibles et en diminuant la durée des heures de travail, qu'on mit fin à une épidémie, tous les autres moyens, entre autres la distribution d'une ration plus forte de viande de porc, n'ayant amené aucun changement dans la situation sanitaire.

En terminant, signalons que le docteur hollandais A. Van der Scheer, conduit par de nombreuses observations, a démontré combien il est désirable, pour ce qui concerne la propagation du béribéri, de surveiller les blattes.

S'appuyant sur des faits cliniques, il incline à penser que cette maladie est causée par des toxines provenant du canal intestinal, et il attribue aux blattes le rôle d'agents propagateurs de ces toxines, soit en disséminant les matières fécales avec lesquelles elles ont été en contact, soit en infectant les aliments. Si cette manière de voir venait à se confirmer, elle éclairerait beaucoup de points, restés obscurs jusqu'ici, dans l'épidémiologie du béribéri.

Les détails dans lesquels nous sommes entré et les faits que nous avons exposés prouvent surabondamment qu'avec de l'hygiène et de la prophylaxie on pourra toujours diminuer la morbidité et la mortalité causées par le béribéri, en veillant sur les indigènes comme sur de véritables enfants.

D'autre part, le riz décortiqué, qui forme la base de la nourriture d'un grand nombre d'indigènes, se détériorant avec facilité, l'Administration devrait, *à titre d'essai*, constituer une partie de ses approvisionnements en paddy, qui se conserve beaucoup mieux et qui pourrait être décortiqué au fur et à mesure des besoins.

CHAPITRE V.

TUBERCULOSE ET ALCOOLISME.

L'agent de contagion de la tuberculose est le bacille de R. Koch.

Il est contenu par milliards dans les expectorations des phtisiques; desséchées, réduites en poussière, elles laissent libres ces bacilles, qui pénètrent dans les voies respiratoires et y portent la contamination; encore humides, elles souillent les mains des personnes qui touchent les linges tachés par les tuberculeux; en l'absence de soins de propreté suffisants, les mains transportent sur les aliments les germes de la tuberculose.

Ceux-ci peuvent encore pénétrer dans les voies digestives par les aliments, par la viande, par le lait.

Prophylaxie. — La misère, toutes les causes qui affaiblissent un individu, notamment l'alcoolisme, créent, pour celui-ci, un état de réceptivité qui le laisse sans défense contre la contagion.

L'habitation dans un logement insalubre, humide, dépourvu de lumière, doit être mise au premier rang des modes de développement de la tuberculose.

Le danger augmente si le logement n'est pas tenu en état de propreté, s'il est surpeuplé. Le nombre des contacts, des promiscuités, croît avec le nombre des habitants logés dans un espace trop restreint, et multiplie, en raison directe de l'étroitesse du logis, les chances de contagion.

Cette loi se vérifie dans tous les milieux collectifs : ils sont surpeuplés, les contacts entre les occupants sont incessants; il en est ainsi dans les écoles, les asiles, les établissements pénitentiaires, les casernes, les navires de guerre et ceux qui servent au transport des voyageurs, les ateliers, les mines, etc. Dans certains établissements, comme dans les hôpitaux, ils sont surpeuplés par des tuberculeux.

Partout où les hommes se réunissent pour leur travail ou pour leur plaisir, ils créent un milieu dangereux.

Pour lutter contre la tuberculose, il faut arriver à faire pénétrer ces notions si simples dans l'esprit des populations. Elle comporte l'éducation des personnes bien portantes et celle des personnes tuberculeuses. Chacune d'elles doit être convaincue qu'un crachat tuberculeux jeté sur le sol est un danger pour elle et que par conséquent elle doit s'employer à empêcher le tuberculeux de cracher autour de lui; mais elle doit comprendre aussi qu'elle n'y arrivera que si elle-même donne le bon exemple.

Tous les moyens de répandre ces notions doivent être employés et il faudra les inculquer aux enfants *dès l'école.*

Dans les milieux collectifs, il faut prescrire la défense absolue de cracher à terre, multiplier les crachoirs hygiéniques, exiger le *balayage humide des parquets*, afin d'éviter que les poussières ne se répandent dans l'air et ne pénètrent dans les voies respiratoires.

Pour les indigènes, il faudra faire comprendre aux chefs que la tuberculose est une maladie aussi contagieuse que la variole pour laquelle beaucoup d'entre eux pratiquent déjà l'isolement, et nul doute qu'une fois prévenus, ils ne se soumettent aux recommandations qui leur seront faites, telles que : édification de cases plus confortables, plus aérées, précautions à prendre pour les crachats, etc.

Dans les écoles, on ne devra admettre aucun enfant sans l'avoir au préalable examiné, et refuser tous ceux qui sont suspects de tuberculose. Examiner et surveiller les instituteurs qui, aux colonies comme dans la métropole, paraissent fournir un sérieux contingent à cette maladie.

Dans les hôpitaux, isoler les tuberculeux pour éviter la contagion et ne pas hésiter à renvoyer en France les Européens suspects, la phtisie marchant très vite aux pays chauds. Faire rentrer ces malades dans la métropole, c'est leur donner quelques chances de guérison.

Les viandes destinées à l'alimentation ne doivent être colportées et mises en vente que si elles sont pourvues d'une estampille prouvant qu'elles ont été reconnues saines par un inspecteur compétent.

Les vacheries fournissant le lait destiné à la consommation publique doivent être soumises à l'inspection périodique d'un vétérinaire, et dans le doute, il ne faut l'ingérer qu'après l'avoir fait bouillir.

Il ne faut pas perdre de vue que les chèvres et les porcs peuvent être également atteints de tuberculose; ils doivent donc être surveillés.

La tuberculose est une *maladie évitable*; les règles de prophylaxie, appliquées avec persévérance, feront diminuer considérablement le nombre des cas de contamination.

C'est de plus une *maladie curable*; aussi doit-on faire tout l'effort nécessaire pour la guérir.

Il résulte d'enquêtes faites dans nos différentes possessions coloniales que la tuberculose y sévit, que dans certaines d'entre elles elle cause une grande mortalité parmi les indigènes et que, dans un avenir peu éloigné, certaines régions seront dépeuplées par le fait de cette maladie si on ne prend pas des mesures radicales pour s'opposer à son extension.

Cette affection marche généralement de pair avec l'alcoolisme, qui se répand de plus en plus parmi les naturels, à tel point qu'on a dû dans quelques colonies réglementer la délivrance de l'alcool et dans d'autres la prohiber. Malheureusement, ces prohibitions n'ont pas été généralisées dans notre domaine colonial et aujourd'hui, dans bien des régions, l'alcool de traite entre pour une part dans les échanges qui ont lieu entre Européens et indigènes. Les enfants eux-mêmes s'alcoolisent. Aussi sont-ils presque tous des candidats à la tuberculose, qui trouve des milieux très propices à sa propagation par suite des habitudes antihygiéniques de ces peuples et de leur entassement dans des cases infectes. Si on ajoute à ces mauvaises conditions d'habitat les excès de tous genres, génésiques et autres, auxquels ils se livrent, on comprendra aisément la facilité avec laquelle se fait la contagion.

Pour enrayer le mal, il faudrait tout d'abord frapper d'un droit excessivement élevé tous les spiritueux quels qu'ils soient, car sous les noms les plus variés, tels que : *anisado*, *parfait amour*, etc., on vend de l'alcool titré à un degré élevé. En second lieu, il y aurait lieu d'interdire aux maisons de commerce et aux colons de faire figurer l'alcool dans la ration qu'ils doivent délivrer à leurs employés indigènes. Il n'est pas jusqu'au liquide vendu sous le nom d'*eau de Cologne* qui doit être l'objet d'une grande surveillance; il s'en consomme beaucoup en Afrique, où il n'est nullement employé à la toilette, mais absorbé comme boisson, nos sujets musulmans ayant ainsi trouvé le moyen de boire de l'alcool, tout en paraissant se conformer aux prescriptions du Coran.

Dans plusieurs colonies productrices de tafia, que l'on désigne sous le nom de *vin du peuple* et dont on abuse à cause de son bas prix, le nombre d'aliénés a sensiblement augmenté par suite de l'alcoolisme; aussi doit-on mettre tout en œuvre

pour enrayer ce fléau, car si l'alcool équilibre les budgets, il
peuple par contre les asiles, les hospices et les prisons.

Toutes les mesures administratives peuvent produire de bons
résultats; mais elles ne seront pas suffisantes si on n'arrive pas
à persuader aux consommateurs que l'alcool n'est qu'un poison excitant et que l'énergie qu'il semble procurer momenta-
nément n'est pas durable et peut être remplacée avantageuse-
ment, et sans aucun danger, par le sucre. Qu'on remplace donc
par le sucre l'alcool qu'on délivre à l'indigène, soit comme
échange, soit comme ration.

Plusieurs colons vendent de l'alcool à leurs employés et
croient rattraper ainsi l'argent sorti de leurs caisses; il faudrait
leur faire comprendre qu'avec cette manière de faire ils vont à
l'encontre de leurs intérêts, car ils ne peuvent tirer d'un alcoolique le travail que leur procurerait un homme indemne de
cette tare.

Enfin il serait à souhaiter que les Européens soient les
premiers à rompre avec une habitude qui a pour eux les plus
graves conséquences. En agissant ainsi, ils donneraient un
exemple des plus salutaires aux indigènes, que nous devons
faire bénéficier des bienfaits de la civilisation, mais devant lesquels nous devrions bien nous garder d'étaler nos vices.

En nous opposant par tous les moyens à la consommation
de l'alcool par les indigènes, nous tarirons chez eux les sources
de la folie et de la tuberculose, et nous nous assurerons la
conservation d'une main-d'œuvre qui nous est absolument indispensable pour mettre en valeur notre domaine colonial.

CHAPITRE VI.

FIÈVRE TYPHOÏDE.

La fièvre typhoïde s'observe fréquemment dans plusieurs de
nos colonies où elle sévit à la fois sur les Européens et sur les
indigènes.

Il résulte des enquêtes auxquelles on s'est livré au sujet de
cette maladie, qu'elle a été souvent importée dans nos posses-

sions lointaines par des navires qui y débarquaient des passagers convalescents ou atteints de cette affection. Il est certain, en effet, que, sauf de rares exceptions, tous les transports de l'État qui ont quitté Brest et Toulon pour opérer la relève des troupes coloniales ont présenté, dès le départ et en cours de traversée, des cas de fièvre typhoïde ; la même constatation a été faite sur des steamers de compagnies de navigation. C'est toujours aux points d'atterrissement de ces navires que l'on a constaté tout d'abord la présence de cette affection.

La fièvre typhoïde, ayant trouvé des conditions favorables à son développement dans quelques-unes de nos possessions d'outre-mer, s'y est implantée, affectant parfois l'allure quasi-épidémique, d'autres fois ne se révélant que par quelques cas sporadiques. La persistance de cette dernière forme est une preuve que le milieu est infecté et qu'il faut l'assainir.

Cette maladie est produite par un bacille, le *bacille d'Eberth*, qui réside dans les matières fécales. De là la nécessité de rendre ces matières inoffensives par les moyens que nous indiquerons en parlant du choléra. La désinfection des selles des typhiques s'impose, non seulement au cours de la maladie, mais encore pendant la convalescence, le bacille producteur de cette affection ayant été rencontré dans les fèces, un mois après la guérison.

La première chose à défendre en tout temps est le jet sur le sol des excréments, qui pénètrent par filtration et finissent par arriver jusqu'aux eaux d'alimentation qu'ils polluent. Ces eaux peuvent être également contaminées par des égouts fonctionnant mal ou par des fosses fixes non étanches.

Le bacille typhique peut donc pénétrer dans les voies digestives par l'eau de boisson, mais il peut être encore introduit par les voies respiratoires sous forme de poussières. Dans une ville de garnison dont l'eau était irréprochable, on constata un jour des cas de fièvre typhoïde parmi les cavaliers, alors que les fantassins étaient indemnes. On fit une enquête et il en résulta que la cavalerie avait été infectée à la suite de manœuvres dans des champs où on avait pratiqué l'épandage et où les hommes avaient absorbé les poussières soulevées par le piétinement des chevaux.

Dans une de nos colonies, l'infanterie, dont la caserne était située sous le vent d'une usine à poudrette, a payé un plus lourd tribut que les autres troupes à l'endémie typhoïde, tant que cet établissement a fonctionné.

En Nouvelle-Calédonie, on a constaté de nombreux cas de fièvre typhoïde à la caserne d'infanterie, alors que la caserne d'artillerie était indemne et qu'on n'en constatait aucun cas en ville; or l'endémicité de cette affection tenait à ce que, les tinettes fonctionnant mal, une partie des matières fécales tombait sur le sol et était ensuite entraînée au dehors par des canaux à ciel ouvert constamment engorgés, et débordant par les pluies, pour se répandre sur la place d'armes où les soldats faisaient l'exercice. Les hommes rentraient à la caserne ayant les semelles de leurs chaussures imprégnées de toutes ces matières qui se desséchaient et étaient ensuite introduites dans l'économie par la respiration.

Les exemples de contamination que je viens de citer prouvent combien il faut veiller à ce que les matières fécales ne deviennent pas nuisibles.

Les puits situés près des habitations et dans lesquels pénètrent en général les eaux sales répandues à la surface du sol, ceux qui sont forés à peu de distance de fosses d'aisance imparfaitement étanches et près desquels on lave le linge, doivent être considérés comme des plus suspects et leur eau doit être rejetée de l'alimentation.

Les fosses fixes doivent être remplacées par des tinettes mobiles bien comprises et vidées chaque jour, afin qu'elles ne soient pas trop remplies et qu'elles ne déversent pas une partie de leur contenu sur le sol, pendant le trajet de la ville au dépotoir, qui devra être établi loin des habitations et de tout cours d'eau.

Les tinettes mobiles demandent à être installées d'une façon parfaite; elles devront être munies d'un tuyau de chute, afin que les matières fécales tombent bien dans le vase et qu'aucune parcelle ne puisse souiller le sol environnant.

Les eaux sales devront être déversées dans un égout et il faudra veiller à son bon fonctionnement ainsi qu'à celui des caniveaux, qui s'engorgent très facilement.

Le service de la voirie devra être assuré quotidiennement, afin que les immondices ne séjournent pas sur le sol.

Il n'est pas besoin d'entrer dans de plus grands détails pour démontrer combien il est indispensable de veiller à tout, si on veut assainir nos villes coloniales et en faire disparaître la fièvre typhoïde.

Les voies et moyens à employer pour l'assainissement différeront évidemment pour chacune de nos colonies; aussi la science des ingénieurs devra-t-elle être mise à contribution pour aider les hygiénistes dans la tâche qui leur incombe.

Nous avons dit plus haut que la fièvre typhoïde est souvent véhiculée par l'eau de boisson; aussi allons-nous insister sur la nécessité de doter nos villes coloniales d'une bonne eau d'alimentation.

DE LA NÉCESSITÉ DE POSSÉDER UNE BONNE EAU D'ALIMENTATION.

Le premier besoin d'une ville ou d'une agglomération quelconque est d'avoir à sa disposition une eau saine et abondante.

L'eau, en effet, sert de véhicule, non seulement à la fièvre typhoïde, mais encore à une foule d'autres maladies parmi lesquelles nous citerons : le choléra, la dysenterie et la diarrhée, la filariose, les lombrics, les vers de Guinée, l'ankylostome, etc., et peut-être le paludisme?

Cette énumération en dit assez pour démontrer l'intérêt qui s'attache à user d'une eau de bonne qualité.

La recherche d'une bonne eau et la prohibition de l'alcool constituent le commencement de la sagesse aux pays chauds, et là plus qu'ailleurs, la sagesse entre pour une large part dans le maintien de la santé.

Dans notre grande colonie indo-chinoise, il existe une croyance populaire attribuant à certaines eaux le pouvoir de donner la fièvre. Les Annamites et les Tonkinois ne disent pas : *telle région est fiévreuse*, mais *l'eau de telle rivière donne la fièvre.* Au moment de la crue des fleuves, alors que tous les terrains environnants ont été balayés par les pluies, et que tous les cours d'eau roulent des eaux limoneuses, les indigènes n'ont aucune répugnance à boire ces eaux, après les avoir toutefois alunées et fait bouillir sous forme d'infusions de thé; à l'époque des basses eaux, alors que ce liquide est devenu parfaitement limpide, ils ne s'en servent sous aucun prétexte, parce qu'à ce moment, prétendent-ils, il donne la fièvre.

Au Congo belge, des médecins de la colonie, sans se prononcer d'une manière définitive sur la possibilité pour l'eau de véhiculer le paludisme, disent avoir remarqué que les buveurs *d'eau crue* étaient plus souvent atteints que les autres, surtout quand ils buvaient en dehors des repas.

Quoi qu'il en soit, les considérations ci-dessus ne peuvent que faire ressortir l'importance de se procurer une eau pure.

Dans plusieurs de nos colonies, l'eau d'alimentation est souvent irréprochable à sa source et demeure telle tant que la canalisation qui la conduit à la ville est en bon état; mais celle-ci vient-elle à manquer d'entretien, des infiltrations se produisent, l'eau de la canalisation est alors polluée par les eaux de surface qui ont entraîné avec elles toutes les matières usées jetées sur le sol; aussi voit-on apparaître des cas de fièvre typhoïde, de dysenterie ou de diarrhée et le choléra prendre de l'extension, en temps d'épidémie.

Il est par suite absolument indispensable de veiller à l'étanchéité des canalisations d'eau destinées à l'alimentation et de fixer une zone de protection.

Il faut également considérer comme suspectes les eaux de puits peu profonds creusés dans les villes et les villages indigènes, au voisinage des habitations et à proximité des lagunes, des mares et des fosses, à cause de la possibilité de leur souillure par infiltration.

Les eaux de pluie peuvent être utilisées, à condition d'être recueillies sur des toitures en tuiles, en ardoises, en zinc, *sans armatures en plomb*, tenues dans un bon état de propreté, et déversées dans des réservoirs étanches, toujours hermétiquement clos. Les premières quantités d'eau tombée, qui ont lavé le toit et entraîné les poussières qui y étaient déposées, doivent être rejetées.

Quand il sera impossible de fournir une bonne eau, il sera nécessaire de la purifier avant de la livrer à la consommation.

MOYENS DE SE PROCURER UNE EAU SAINE.

Les moyens préconisés pour livrer à la consommation une eau saine sont excessivement nombreux, mais tous sont loin d'avoir la même valeur au point de vue des garanties que nous pouvons leur demander et il n'est pas de problème plus difficile à résoudre.

Nous passerons successivement en revue les différents procédés conseillés.

Nous citerons tout d'abord la distillation, employée pendant longtemps dans notre colonie d'Obock, où elle a rendu de grands services parce qu'elle a permis d'utiliser l'eau de mer. Les équipages et les passagers des navires de guerre et de commerce soumis à ce régime s'en sont toujours bien trouvés, malgré tout ce que l'on a pu dire sur la digestibilité de l'eau distillée et la perte des éléments minéraux que la distillation fait perdre à ce liquide. A côté de la distillation, nous placerons l'ébullition prolongée pendant dix minutes ou un quart d'heure. J'insiste sur ce laps de temps, car il ne faut pas se contenter de faire simplement chauffer l'eau et de l'enlever du feu dès qu'elle entre en ébullition, il faut au contraire prolonger cette opération si on veut être bien certain de détruire tous les germes nocifs.

L'eau bouillie n'a qu'un inconvénient, c'est d'exiger un certain temps pour se refroidir, mais il est bien mince en comparaison de la sécurité qu'elle donne. Il suffira d'ailleurs de la préparer à l'avance pour lui laisser le temps de se refroidir ou de la consommer sous forme d'infusion de thé. Ce dont il faudra bien se garder, ce sera de la refroidir en y plongeant des blocs de glace, la congélation ne détruisant pas les microbes et la glace étant souvent fabriquée avec des eaux suspectes. L'ébullition est somme toute un moyen à la portée de tout le monde, qu'on ne saurait trop conseiller en tout temps, et surtout pendant les périodes d'épidémie.

FILTRES.

Il existe une foule de filtres, mais tous sont loin d'avoir la même efficacité. Plusieurs d'entre eux ne sont que de simples clarificateurs; mais rappelons qu'une eau limpide n'est pas toujours stérile!

Tout filtre, quel qu'il soit, il ne faut pas le perdre de vue, demande une grande surveillance; il doit être souvent nettoyé, sinon il devient un véritable milieu de culture pour les microbes.

En fait de filtres, nous citerons comme pouvant être employés : les filtres Chamberland en porcelaine dégourdie, les filtres Grandjean en cellulose et charbon, les filtres Lapeyrère au permanganate de potasse, les filtres Berkefeld en terre d'infusoires, les filtres Maillé en amiante agglutinée et cuite au four, etc.

Les filtres à sable méritent de nous arrêter un instant.

Filtration des eaux par le sable. — Les filtres à sable, destinés surtout à purifier les eaux de surface, ont donné de très bons résultats à l'étranger. Ils sont en usage à Hambourg, à Berlin, à Zurich, en Amérique, en Angleterre, en Hollande où on emploie le sable des dunes.

Quand on a recours à ce procédé, il est indispensable que l'eau à filtrer subisse au préalable, dans des bassins suffisamment vastes, une décantation pendant au moins trois jours.

La grosseur moyenne des grains de sable à employer sera voisine de o m. oo5. Il est important que tout le sable ait la même grosseur, afin que toutes les parties du filtre laissent passer la même quantité d'eau. L'épaisseur de la couche de sable sera de o m. 8oo à 1 m. 2oo.

Les petites localités peuvent, comme les grandes villes, se procurer sans trop de frais un bon filtre à sable, mais l'efficacité de cet appareil ne vaudra que par les soins minutieux qui présideront à son emploi.

Quand on commence à se servir de ces filtres, ils ont un grand débit, mais il diminue peu à peu par suite de la formation, à la surface du filtre, d'une sorte de membrane de consistance gélatineuse qui arrête les microbes; on dit alors que le filtre est formé. Lorsque le débit devient tout à fait insuffisant, on enlève la partie supérieure du sable pour le remplacer par du sable neuf, mais on ne doit pas laisser dans le filtre une couche moindre de o m. 6o. L'eau qui passera à travers le filtre ainsi nettoyé ne devra être livrée à la consommation que lorsqu'une nouvelle pellicule feutrée se sera formée.

Ce procédé de filtration est sûr, suivant les uns, et suivant les autres, ce n'est qu'une opération permettant un dégrossissage.

Cependant, depuis que la ville de Hambourg et plusieurs autres villes d'Allemagne y ont recours, leur mortalité par suite de fièvre typhoïde a très sensiblement diminué. Il résulte également d'expériences faites à Nantes, que ce procédé est très recommandable. Tout le succès dépend du traitement préalable des eaux par la décantation. Les avis sont très partagés sur la question de savoir si ces filtres doivent fonctionner à ciel ouvert ou au contraire être recouverts. L'opinion générale est que les filtres découverts doivent être plus favorables à l'épuration, la lumière étant un puissant agent de purification.

En Amérique, on a des tendances à construire des installations couvertes, tandis qu'en Angleterre aucune installation n'est couverte.

Aux pays chauds, il va sans dire que ces installations devront être couvertes.

Enfin les parois et le fond du filtre devront être parfaitement étanches afin d'éviter les infiltrations du dehors.

Comme il n'existe pas d'appareil capable, jusqu'à présent du moins, de produire l'épuration absolue, à moins de recourir à la distillation ou à l'ébullition, la filtration par le sable doit être recommandée.

STÉRILISATEURS.

Il existe aussi des stérilisateurs, entre autres : ceux du modèle Rouard-Geneste-Herscher et ceux du modèle Vaillard et Desmaroux qui figuraient à l'Exposition de 1900 et dont on avait doté les troupes coloniales lors de l'expédition de Chine.

Ces appareils, applicables à des collectivités peu nombreuses et susceptibles de rendre de précieux services, ne peuvent être le plus souvent utilisés pour des agglomérations importantes à moins de les multiplier à l'infini.

PURIFICATION DES EAUX DESTINÉES À LA CONSOMMATION PAR L'OZONE.

Les grandes lignes de ce procédé sont les suivantes :

L'ozone est produit dans une première pièce sous l'action de puissants effluves électriques. De là, on le fait passer par aspiration dans une tour cylindrique appelée stérilisateur, où il se dégage à la partie inférieure pour monter ensuite vers la partie supérieure, d'où il s'échappe dans l'atmosphère, après avoir traversé tout le cylindre qui doit être rempli de cailloux.

L'eau à stériliser arrive au contraire dans le cylindre par sa partie supérieure. Au moyen d'un dispositif particulier, elle est épandue en lames minces, tombe en cascade sur les cailloux et s'échappe, stérile, par un tuyau de sortie placé à la partie inférieure de la tour.

Si l'eau est trop chargée de matières terreuses, il est indispensable de la faire passer, au préalable, à travers des filtres de sable et de gravier, afin de dépenser moins d'ozone.

L'eau qui a subi le contact de l'air ozonisé, prise à une petite distance de l'appareil, est fraîche, a bon goût et n'a aucune odeur. Elle ne contient plus de germes et aucun de ses éléments minéraux utiles ne lui est enlevé; de plus les eaux soumises au traitement par l'ozone sont moins sujettes aux pollutions ultérieures et sont, par suite, beaucoup moins altérables.

La stérilisation par l'ébullition coûte très cher et a plus d'inconvénients que la stérilisation par l'ozone, parce que l'eau bouillie est plus difficile à digérer et qu'elle perd une partie de ses éléments minéraux.

STÉRILISATION PAR LE PEROXYDE DE CHLORE

Le peroxyde de chlore ou anhydride hypochlorique s'obtient par l'action du chlorate de potasse sur l'acide sulfurique.

C'est un corps excessivement explosif, qu'il soit à l'état gazeux ou à l'état liquide. Sa préparation n'est pas sans dangers par les moyens ordinaires; mais les inventeurs du procédé, MM. Bergé, de Bruxelles, conseillent de produire une solution aqueuse de peroxyde, solution qui est facile à manier et qui peut être fabriquée sans risques, grâce à certaines précautions qu'il est indispensable de prendre.

M. A. Bergé conseille l'usage d'un acide sulfurique un peu étendu, à 58 degrés Baumé (densité, 1,67). Avec cet acide, qui, bien entendu, ne doit être employé qu'après refroidissement, la décomposition du chlorate se fait lentement et régulièrement.

Si l'eau à stériliser est trop chargée de matières organiques, il faut, comme pour l'ozone, la purifier d'abord en la faisant filtrer sur du sable ou sur d'autres substances.

Les quantités de peroxyde de chlore à employer pour la stérilisation varient suivant la pureté de l'eau; il faut en mettre assez et pas trop.

L'eau mélangée au peroxyde de chlore ne doit pas être consommée immédiatement; il faut attendre que le peroxyde en excès ait complètement disparu. Or le temps nécessaire pour sa disparition varie avec la température et la lumière. Pour éliminer le peroxyde de chlore, il suffit de faire passer l'eau sur du coke, mais ce dernier a besoin d'être souvent renouvelé ou tout au moins remis au contact de l'air.

Pour s'assurer que l'eau ne contient plus de peroxyde de chlore, il suffit d'ajouter à un échantillon de l'eau traitée une petite quantité d'un mélange de solution d'iodure de potassium et d'eau d'amidon ; la moindre trace de peroxyde de chlore met en liberté de l'iode qui colore l'amidon en bleu.

Il ne faut pas perdre de vue que le passage d'une eau contenant du peroxyde dans des canalisations en plomb aurait pour effet de dissoudre du métal, sous forme de chlorure de plomb, dont l'absorption répétée présenterait de grands dangers pour la santé publique.

La stérilisation des eaux par le peroxyde de chlore ne revient qu'à un prix excessivement minime, mais ce procédé n'a reçu jusqu'ici que des applications restreintes. La ville de Lectoure, dans le Gers, a adopté ce système de purification ; toutes les installations sont en place, mais les appareils n'ont pas encore fonctionné.

PURIFICATION DE L'EAU PAR LES AGENTS CHIMIQUES.

Plusieurs agents chimiques peuvent être employés pour purifier l'eau ; nous allons en énumérer quelques-uns :

A. *Permanganate de potasse.* — Ce procédé, dû à M. Lapeyrère, pharmacien de la marine, repose sur l'emploi d'une poudre de permanganate alumino-calcaire, ainsi composée :

Permanganate de potasse............................ 3 grammes.
Alun de soude cristallisé, sec, pulvérisé.............. 10
Carbonate de soude cristallisé, sec, pulvérisé........ 9
Chaux de marbre................................... 3

Le poids total de ce mélange, soit 25 grammes, représente la quantité moyenne nécessaire à la stérilisation de 10 litres d'eau. L'épuration est considérée comme suffisante si, au bout de 4 à 5 minutes, la teinte rose persiste. On filtre alors l'eau pure sur un tissu réducteur constitué par de la fibre de tourbe purifiée et imprégnée d'oxyde brun de manganèse ; l'eau s'écoule clarifiée et débarrassée de l'excès de permanganate.

B. *Brome.* — Schumburg a indiqué le brome comme un excellent purificateur de l'eau, à la dose de 6 centigrammes par litre. Pour éliminer ensuite le brome de l'eau épurée, on y ajoute du sulfite de soude. C'est un procédé très rapide, mais il a un inconvénient; le brome n'est pas un corps facile à manier; aussi pour purifier l'eau, est-on obligé de recourir à une solution bromo-bromurée préparée à l'avance, bien titrée et renfermée dans des tubes scellés qu'on ouvre au moment de l'emploi.

G. *Iode.* — Le professeur Vaillard, du Val-de-Grâce, conseille de recourir à l'iode, qui a une grande puissance antiseptique.

Pour appliquer ce procédé, il faut avoir, d'une part, l'iode, d'autre part, l'hyposulfite nécessaire à sa neutralisation.

Pour la commodité de l'opération, M. Vaillard a fait préparer trois comprimés[1] que nous désignerons sous les numéros 1, 2 et 3, parce qu'ils doivent être employés successivement dans cet ordre; leur composition est la suivante :

Comprimé N° 1 (bleu).

Iodure de potassium sec...................... 10 grammes.
Iodate de soude sec.......................... 1 gr. 60
Bleu de méthylène............................ q. s. pour colorer.

Pour 100 comprimés contenant chacun o gr. 1156 de la masse;

Comprimé N° 2 (rouge).

Acide tartrique.............................. 10 grammes.
Sulfo-fuchsine............................... q. s. pour colorer.

Pour 100 comprimés contenant chacun 1 décigramme d'acide tartrique;

Pastille N° 3 (blanche).

Hyposulfite de soude......................... 11 gr. 60

Faire fondre à une douce chaleur et couler en 100 pastilles de o gr. 116 chacune.

Les comprimés bleus absorbent assez facilement l'humidité, aussi demandent-ils à être conservés en flacon bouché; les deux autres sont inaltérables.

La dissolution simultanée d'un comprimé bleu et d'un com-

[1] Ces comprimés se trouvent aujourd'hui dans le commerce : pharmacie Lépinois, rue La Feuillade, 7, près la Banque de France, Paris.

primé rouge produit exactement o gr. o6 d'iode libre, dose suffisante pour purifier un litre d'eau; mais il serait préférable de constituer un approvisionnement de comprimés composés de façon que chacun d'eux renferme la dose de substance nécessaire pour purifier d'un seul coup 10 litres d'eau.

La technique à suivre est la suivante : on prend 10 litres d'eau, puis on met en même temps dans un verre d'eau, et *non dans les 10 litres*, un comprimé bleu et un comprimé rouge. On les fait fondre en remuant, avec n'importe quel objet, le liquide, qui devient alors rouge brun. Quand les comprimés sont fondus, on verse le liquide brun ainsi obtenu dans le verre, dans l'eau à purifier qui devient jaune. On attend 10 minutes environ, puis on fait fondre une pastille blanche dans un verre d'eau que l'on verse également dans les 10 litres à purifier; on agite, l'eau redevient immédiatement claire et peut être bue aussitôt.—

L'important est de ne pas faire dissoudre les comprimés dans la masse totale d'eau à purifier, mais dans un verre à part, car la réaction n'est point la même suivant qu'on opère avec 10 ou 20 centimètres cubes, ou bien avec 200 ou 400 centimètres cubes et plus.

On peut encore stériliser l'eau au moyen du chlorure de chaux et du bisulfate de soude, mais ces deux procédés sont peu pratiques.

Quel que soit le procédé auquel on aura recours, il sera toujours nécessaire de filtrer grossièrement les eaux, au préalable, quand elles seront chargées de matières organiques.

DÉSINFECTION DES PUITS ET DES CAISSES À EAU.

Pour désinfecter les puits, on peut se servir d'une solution de permanganate de potasse, de 5 à 10 centigrammes par litre d'eau, qui non seulement détruit, en l'oxydant, toute matière organique, mais encore stérilise sûrement cette eau en tuant tous les organismes vivants.

Pour atteindre ce résultat, il est nécessaire d'obtenir une couleur rose persistant une demi-heure. Il se forme un composé brunâtre d'oxyde de manganèse tout à fait inoffensif, qu'il est du reste facile d'entraîner en mêlant à l'eau du charbon de boulanger pilé au mortier.

Voici ce que M. le médecin-inspecteur Delorme, qui s'est servi de ce procédé au camp de Châlons, conseille de faire : on détermine le niveau de l'eau du puits au moyen d'une ficelle tendue par un poids. Connaissant le diamètre du puits, on en déduit le volume d'eau à désinfecter. On projette alors d'une bouteille graduée la quantité de solution commune de permanganate de potasse, à 1 gramme pour 100, nécessaire pour obtenir le titre demandé, soit 1 litre de solution pour 1 hectolitre d'eau de puits.

Quand au bout d'une demi-heure, un échantillon prélevé par une bouteille indique que l'eau conserve *la couleur lie de vin, la couleur de vin gris*, on projette dans le puits, par poignées, le contenu d'un petit sac renfermant du charbon pilé et du sable fin désinfecté à l'étuve, mélangés dans la proportion de un quart de braise pour trois quarts de sable.

Au bout de trois ou quatre jours, la désinfection est assurée, le charbon déposé, l'eau clarifiée. On prélève alors un échantillon, puis on fait épuiser le puits pour faire disparaître les moindres traces de l'antiseptique.

Un des inconvénients du permanganate de potasse et celui qui a le plus empêché la généralisation de l'emploi de ce sel pour la désinfection de l'eau de boisson, c'est la présence de la potasse dans les eaux traitées par ce désinfectant chimique.

Rien n'empêcherait d'ailleurs de remplacer le permanganate de potasse par le permanganate de chaux; mais il résulte des expériences effectuées au camp de Châlons que les échantillons prélevés quelques jours après la désinfection par le permanganate de potasse ne contenaient que des traces négligeables et, par suite, inoffensives, de potasse. De plus, après épuisement des puits et renouvellement complet de leur eau, on n'en constatait plus trace.

Lorsqu'on a le choix du moment pour opérer la désinfection des puits, il est bon de ne l'entreprendre que quand le niveau de l'eau est aussi élevé que possible; parce qu'on met alors le désinfectant en contact avec une plus grande étendue des parois.

Cette désinfection ne sera, bien entendu, efficace que si l'infection du puits est d'origine extérieure et que ni le sol dans sa profondeur ni la nappe d'eau souterraine ne sont contaminés.

On a eu recours au même procédé pour désinfecter les caisses à eau des navires. Il suffit de projeter dans ces caisses 10 grammes de permanganate par tonne d'eau, sans addition de charbon. Au bout de 48 à 72 heures, la mauvaise odeur disparaissait, l'eau devenait agréable au goût et l'examen bactériologique démontrait que sa désinfection était parfaite.

A Port-Saïd, l'eau destinée à l'alimentation est additionnée de 3 grammes de permanganate de potasse par tonne et est ensuite filtrée avant d'être distribuée.

CHAPITRE VII.

CHOLÉRA.

Le choléra est une maladie infectieuse causée par un bacille spécifique, le *bacille-virgule*, découvert par Koch.

La propagation du choléra se fait par contagion directe avec les malades, par contagion indirecte, c'est-à-dire par les effets ou objets souillés par les déjections des personnes atteintes, et enfin par diffusion hydrique, d'où la recommandation expresse de ne pas jeter les déjections dans les cours d'eau. C'est par suite de cette pratique qu'on voit souvent les épidémies cholériques se propager, par les fleuves, aux agglomérations situées en aval des localités où s'est montré le foyer primitif.

Tous les ans, en Indo-Chine, nous voyons le choléra suivre le cours du Mékong et envahir successivement les populations riveraines de cette grande voie fluviale.

Prophylaxie. — Dès qu'un cas de choléra se présente, les personnes de l'entourage du malade ou le médecin doivent en faire la déclaration aux autorités compétentes.

Le malade sera isolé dans une pièce spéciale ou dans une case affectée à cet usage et tenue dans un état constant de propreté.

Les personnes appelées à lui donner des soins pénétreront seules auprès de lui; elles doivent s'astreindre aux règles suivantes : ne prendre aucune boisson ni aucune nourriture dans la chambre du malade; ne jamais manger sans s'être lavé les mains avec du savon et une solution désinfectante au bichlorure (bichlorure de mercure : 1 gramme; — chlorure de sodium ou sel de cuisine : 2 grammes; — eau : 1 litre); se laver fréquemment la figure avec une solution boriquée (acide borique : 40 grammes; — eau chaude : 1 litre); se rincer la bouche de temps en temps, et plus particulièrement avant les repas, avec la solution boriquée indiquée ci-dessus ou mieux encore avec une solution de 4 grammes d'acide chlorhydrique dans 1 litre d'eau.

Les cuillers, tasses, verres et autres ustensiles ayant servi au malade devront être plongés dans l'eau bouillante aussitôt après leur usage.

La chambre du malade doit être largement aérée.

Les rideaux, tentures, tapis et tous les meubles qui ne sont pas indispensables seront enlevés et désinfectés.

Les déjections (vomissements et matières fécales) devront être immédiatement désinfectées avec une solution de sulfate de cuivre ou de chlorure de chaux (50 grammes pour 1 litre d'eau), ou avec du lait de chaux à 20 p. 1.000; cette dernière préparation est particulièrement recommandée à cause de son efficacité et de son prix peu élevé. Un verre de l'une de ces solutions est versé préalablement dans le vase destiné à recevoir les déjections.

Après avoir été désinfectées, les déjections doivent être enfouies profondément dans le sol lorsqu'il n'existe pas d'égouts étanches, ce qui est le cas le plus fréquent aux colonies. L'emplacement affecté à cet usage sera choisi loin des habitations et à une distance la plus considérable possible des puits, sources ou cours d'eau fournissant l'eau d'alimentation.

Tous les linges souillés doivent être désinfectés, soit par le passage à l'étuve, soit par l'ébullition prolongée, après avoir séjourné, dans les deux cas, pendant une heure au moins dans une solution de sublimé salée (sublimé : 1 gramme; chlorure de sodium ou sel de cuisine : 4 grammes; eau : 1 litre), ou dans une solution d'acide phénique à 50 p. 1.000.

Dans tous les cas où l'on fera usage de la solution de sublimé, il faudra avoir soin de se servir de récipients en bois, tels que bailles ou barriques de vin sciées dans leur milieu.

Les vêtements usagés ou suspects seront passés à l'étuve à désinfection ou soumis à l'ébullition; si leur prix est négligeable, il vaudra mieux les brûler.

Les matelas, couvertures, oreillers, etc., en un mot tous les objets de literie, seront désinfectés à l'étuve à vapeur ou par les vapeurs sulfureuses. Les parquets et boiseries seront lavés avec soin avec une solution désinfectante (solution de sublimé à 1 p. 1.000, ou solution de sulfate de cuivre à 50 p. 1.000).

Le sol des cases indigènes sera largement arrosé avec ces solutions ou avec un lait de chaux.

Les cadavres des cholériques doivent être ensevelis le plus promptement possible dans un cercueil étanche contenant de la chaux, du sulfate de cuivre ou toute autre substance désinfectante. La chaux, que l'on peut se procurer presque partout aux colonies, donne de très bons résultats. Le cercueil sera immédiatement mis en terre et recouvert, si possible, d'une couche de chaux.

L'appartement ou la case habité par le malade ne devra être réoccupé qu'après désinfection complète.

Dans les maisons construites à l'européenne, c'est-à-dire en maçonnerie, le procédé de désinfection le plus économique et le plus efficace est celui que l'on obtient par l'emploi des vapeurs sulfureuses.

Dans les habitations indigènes, construites en torchis, en bambou ou en feuillages, il n'est pas possible d'avoir recours à ce procédé, et la désinfection des cases est impossible. Le seul moyen pratique est de recourir à l'incendie.

En tout temps, mais plus particulièrement en cas d'épidémie, on devra veiller avec le plus grand soin à la pureté de l'eau potable, et il est même préférable de ne faire usage que d'eau bouillie. L'eau provenant des puits doit toujours être considérée comme suspecte.

Le lait, auquel on ajoute frauduleusement de l'eau contaminée, a occasionné parfois le choléra; aussi est-il prudent de le faire bouillir, de même qu'il ne faudra délayer le lait concentré qu'avec de l'eau qui aura bouilli. Ce sont des précautions à prendre en tout temps et surtout en temps d'épidémie.

On interdira avec soin le lavage des linges souillés et la projection des déjections dans les cours d'eau qui iraient porter au loin les germes de l'épidémie.

On évitera l'ingestion de fruits et autres crudités susceptibles de provoquer la diarrhée, ainsi que l'usage des boissons glacées. En général, il faudra se soumettre à une hygiène alimentaire sévère de manière à éviter les troubles digestifs qui peuvent prédisposer à la contagion. Toutes les causes de fatigue seront soigneusement écartées.

En temps d'épidémie, ou lorsqu'il y aura menace d'épidémie, l'hygiène publique sera étroitement surveillée même dans les plus petites agglomérations, et toutes les causes d'insalubrité qui préparent le terrain à l'invasion des maladies infectieuses devront être écartées avec le plus grand soin.

Les ordures ménagères seront transportées loin des habitations et profondément enfouies dans le sol; on supprimera les amas d'immondices et les fumiers. Les cabinets d'aisance privés et publics seront entretenus avec la plus grande propreté, les fosses d'aisance devront être fréquemment désinfectées. L'épandage des matières fécales sur le sol des jardins, si fréquemment pratiqué par les indigènes, devra être rigoureusement interdit.

Dans les villages indigènes, on imposera aux habitants l'usage des feuillées profondes, placées sous le vent et éloignées des prises d'eau; si c'est possible, on tâchera d'obtenir que ces fosses soient désinfectées avec de la chaux.

Les réunions publiques, les fêtes, les marchés, les pèlerinages seront supprimés, et, en général, il conviendra de prendre les mesures convenables pour que les localités conta-

minées cessent toute communication avec les pays environnants.

Lorsque le choléra aura créé, dans certaines agglomérations
indigènes, des foyers intenses de contamination contre lesquels
toutes les mesures de désinfection auront échoué, il faudra recourir sans hésitation à l'incendie, qui constitue le seul moyen
réellement efficace et qui n'entraîne pas une dépense très
considérable aux colonies où le prix des cases est généralement
peu élevé.

En observant minutieusement toutes les précautions que nous
venons d'indiquer, on se préservera des atteintes du choléra;
il est d'ailleurs à remarquer que dans nos établissements de
l'Inde et dans notre grande colonie d'Indo-Chine, les Européens
échappent au fléau, grâce aux bonnes conditions hygiéniques
dans lesquelles ils sont placés, tandis que les indigènes qui
font tout à rebours de l'hygiène lui payent un lourd tribut.

CHAPITRE VIII.

PESTE.

La peste est une affection qu'on croyait à jamais reléguée
dans l'intérieur de la Chine et qui depuis quelques années a
envahi le monde.

Il y a encore peu de temps, les mesures sanitaires prises
pour s'en prémunir consistaient à se mettre en garde contre
l'importation de la maladie par l'homme, par ses vêtements et
par les marchandises provenant des pays infectés. Or tout le
monde sait aujourd'hui que le rat contracte la peste et que ce
rongeur est, par suite, un grand propagateur de la maladie. Il
est d'autant plus redoutable qu'il passe à travers toutes les
barrières quarantenaires.

Les épidémies de peste humaine sont presque toujours pré-
cédées d'une épizootie sur les rats. A Bombay, on a pu établir
que la peste avait été importée par des navires venant de
Chine et ce sont les quartiers voisins des docks où étaient
mouillés ces bâtiments qui ont été les premiers atteints. On a

constaté tout d'abord une grande mortalité sur les rats qui pullulaient dans les magasins voisins des quais et qui avaient été contaminés par des rongeurs échappés des navires venant de Chine.

La maladie s'est ensuite répandue dans la ville en suivant le chemin tracé par l'exode de ces muridés, qui s'empressent de fuir leurs refuges habituels dès qu'ils voient mourir quelques-uns des leurs; aussi deviennent-ils très difficiles à détruire à ce moment.

Le rôle du rat comme propagateur de la peste par terre et par mer ne fait plus de doute pour personne. La contamination par ce rongeur se fait de deux façons : par ses parasites ou puces et par son mucus nasal. Mentionnons également les mouches, les fourmis si nombreuses aux pays chauds, les poux et les punaises comme susceptibles de véhiculer le bacille pesteux.

Le rat qui n'a pas de puces est moins dangereux; à l'état de santé, il s'en débarrasse facilement, mais elles l'envahissent dès qu'il est malade, et restent sur son corps quelque temps après sa mort; aussi n'y a-t-il rien de plus dangereux, au point de vue de la contamination, que de toucher un cadavre de rat mort de la peste, parce que immédiatement les puces sautent de toutes parts et piquent ceux qui ont commis cette imprudence. On a signalé plusieurs cas de peste contractés de cette façon; *aussi faut-il toujours recommander de ne toucher à un rat mort qu'après l'avoir inondé d'eau bouillante, afin de détruire les parasites qu'il porte sur lui.*

Pour se préserver de la peste, il faudra prendre des mesures :

1° Contre les rats;

2° Contre les parasites de l'homme et du rat;

3° Contre l'homme provenant d'un milieu infecté;

4° Contre les marchandises provenant d'un milieu infecté.

La contagion par l'homme est réelle, mais on ne l'a guère observée que dans les hôpitaux encombrés et mal tenus, où les parquets sont rarement ou mal balayés, où la literie n'est jamais désinfectée. C'est pour le même motif qu'on observe des cas de contagion dans les maisons pauvres, mal tenues, et dans les cases indigènes.

Les effets ayant appartenu à des pestiférés, les bois provenant de leurs habitations, sont aussi des éléments de dissémination; il faut par suite veiller avec le plus grand soin à les faire désinfecter ou à les détruire par le feu.

La peste est due à un bacille peu résistant, au moins dans les laboratoires; il suffit d'exposer des objets de toute nature pendant quelques heures à une température sèche ou humide de 70 degrés pour leur conférer la garantie contre la peste, par destruction des êtres susceptibles de contenir le microbe et du microbe lui-même. Cette température, même très prolongée, est inoffensive pour la plupart des étoffes et des objets usuels susceptibles d'être infectés.

Le bacille pesteux paraît cependant susceptible de se conserver dans le sol; en tout cas on ne sait pas comment il s'y comporte; aussi sera-t-il indispensable, lors de l'inhumation de cadavres pestiférés, de les enterrer dans un lit de chaux vive ou mieux encore de pratiquer l'incinération.

MOYENS DE DÉSINFECTION.

Disons tout d'abord que si des décès pesteux se sont produits dans des cases de peu de valeur, ce qu'il y a de mieux à faire c'est de les détruire par le feu avec tout ce qu'elles contiennent, la désinfection de semblables habitations étant à peu près impossible, et d'autre part, les matériaux de démolition, les bois en particulier, étant susceptibles de propager la maladie, sans doute à cause de la vermine qu'ils abritent. Quand les cases contaminées ont été détruites par le feu, il faut évacuer les habitants dans des camps, après avoir au préalable procédé à la désinfection de tous les objets introduits dans le camp, y compris les vêtements que portent sur eux les gens qui y seront internés.

Ces camps seront mis en quarantaine et personne ne devra en sortir ni y pénétrer.

L'étuve, et à défaut l'acide sulfureux, sont de très bons moyens de désinfection pour les vêtements, qu'on peut aussi plonger dans un liquide désinfectant ou faire bouillir.

Pour désinfecter par l'acide sulfureux, on procède de la manière ci-après :

On bouche avec soin tous les joints de la pièce à désinfecter en y collant des bandes de papier; puis si on veut avoir de l'acide sulfureux humide, on sature la chambre de vapeur en y faisant bouillir une certaine quantité d'eau. Il est préférable de se servir d'acide sulfureux sec, qui altère moins les couleurs; aussi est-il inutile de produire de la vapeur d'eau.

On concasse ensuite des canons de soufre en petits morceaux, on les arrose d'alcool et on les recouvre de coton imbibé du même liquide.

Les vases destinés à recevoir le soufre doivent être peu profonds, ils peuvent être en terre ou en fer; dans ce dernier cas, ils ne doivent pas avoir de soudures.

Pour éviter les dangers d'incendie, les récipients destinés à recevoir le soufre à brûler doivent être placés dans des bassins contenant de l'eau ou du sable.

La quantité de soufre à faire brûler est de 40 grammes par mètre cube du local à désinfecter.

Dès que le soufre a été enflammé, on ferme les issues et on colle au besoin des bandes de papier à l'extérieur.

Le local n'est ouvert qu'au bout de vingt-quatre heures.

Quand on ne possède pas d'étuves, on peut recourir à ce moyen de désinfection en disposant un local *ad hoc* dans lequel on pourra installer des étagères à claire-voie pour déposer les marchandises, les bagages, les effets, etc.

Les murailles des locaux peuvent également être badigeonnées avec un lait de chaux préparé de la manière suivante :

Hypochlorite de chaux...........................	4 kilogr.
Eau...	100 litres.

Ce lait de chaux peut aussi servir à imprégner le sol; le sulfate de fer, le chlorol Marye peuvent être employés au même usage.

On peut encore recourir à un liquide préparé de la manière suivante: pulvériser séparément 200 grammes de bichlorure et 750 grammes de sulfate de cuivre, dissoudre d'abord le bichlorure, ensuite le sel de cuivre, dans 890 grammes d'acide chlorhydrique à 22 degrés Baumé (densité 1,1798), compléter avec de l'eau, de préférence eau distillée, un volume de deux litres. 10 centimètres cubes de cette solution-mère représentent 1 gramme de bichlorure et 3 gr. 75 de sulfate de cuivre.

On en fera des dilutions qui pourront servir à arroser le sol, à désinfecter les linges, les selles, les vomissements, etc.

Si on a recours au bichlorure de mercure, il faut donner la préférence aux solutions acides, par exemple :

Bichlorure de mercure............................... 2 grammes.
Acide chlorhydrique ordinaire....................... 10
Eau, compléter à................................... 1 litre.

On pourra également dissoudre le bichlorure à l'aide de son poids de chlorhydrate d'ammoniaque ou de sel marin, mais ces solutions sont moins efficaces que les solutions acides. En Annam, où on s'est trouvé aux prises avec la peste et où on avait affaire à des indigènes rebelles à l'application de tout règlement sanitaire, on s'est bien trouvé des mesures générales ci-après :

a. Destruction immédiate par le feu de toutes les cases contaminées et d'une large zone de cases tout autour ;

b. Désinfection rigoureuse à l'étuve de tous les effets que les habitants des cases contaminées et des cases saines emportaient avec eux ;

c. Isolement immédiat des malades et de leurs familles dans un lazaret ;

d. Transport de la population de la zone infectée dans un nouveau village créé à cet effet ;

e. Interdiction absolue de construire sur l'emplacement de l'ancien village infecté ;

f. Déclaration obligatoire de tous les décès qui se produisaient dans les villages voisins ;

g. Recommandation expresse à tous les villages de ne recevoir ni les habitants de la zone infectée, ni leurs effets, ni leur mobilier ;

h. Destruction des rats et des souris dans les villages voisins de la zone infectée.

TRAITEMENT DE LA PESTE.

Les remèdes à opposer à la peste sont : le sérum antipesteux de Yersin, qui est du sérum de sang de cheval immunisé contre la peste, et le sérum de Haffkine.

Sérum de Yersin. — L'expérience a démontré que ce sérum conserve ses propriétés pendant une année, à la condition de le maintenir à l'abri de la lumière et de l'humidité, sans sortir le flacon de l'étui qui le renferme. En Nouvelle-Calédonie, on a employé du sérum trouble qui avait plus d'un an de fabrication, après l'avoir filtré sur du coton aseptique. On ne doit donc pas rejeter le sérum louche; il peut encore rendre de grands services; mais il faudra l'injecter à doses plus considérables sous la peau, après l'avoir filtré, parce qu'il est un peu atténué quand il se présente ainsi.

Une chaleur supérieure à 60 degrés l'altère, mais il supporte facilement le transport et la température des pays chauds.

Ce sérum ne renferme aucune substance toxique et est par lui-même inoffensif; on peut par conséquent l'injecter d'emblée, à hautes doses, sans inconvénient.

Le sérum peut être employé de deux manières :

a. Pour prévenir la peste (Action préventive);

b. Pour la guérir (Action curative).

a. *Action préventive.* — On l'emploie lorsqu'un cas de peste s'est produit dans une maison ou à bord d'un navire, ou encore pour préserver les personnes en contact avec les malades et exposées à la contagion. On se contente alors d'injecter sous la peau dix centimètres cubes de sérum, mais l'immunité produite par cette injection ne dépasse pas neuf à dix jours; aussi faut-il y revenir avant ce laps de temps, si on veut la prolonger. Ce procédé, applicable à une petite collectivité, devient à peu près impossible à mettre en pratique sur une vaste échelle.

b. *Action curative.* — L'emploi du sérum donne d'autant plus de succès qu'on l'inocule à une date plus rapprochée du début de la maladie et à fortes doses. Cette manière de faire est de beaucoup préférable à celle qui consiste à injecter successivement des doses faibles.

Il ne faut pas craindre de pratiquer des injections intra-veineuses concurremment avec les injections sous-cutanées; on peut, par exemple, en injecter 40 centimètres cubes sous la peau et 20 dans les veines, et continuer ces doses tant que la fièvre ne tombe pas. Le Dr Vassal, à la Réunion, a dû employer 440 centimètres cubes de sérum chez un enfant de dix ans, pour arriver à triompher du mal. A Madagascar, on n'est parvenu à enrayer la dernière épidémie de Majunga qu'en employant des injections intra-veineuses. Ces injections ont le double avantage d'agir plus rapidement et de demander une quantité moindre de sérum pour obtenir la guérison.

MANIÈRE DE PRATIQUER LES INJECTIONS.

1° *Injections sous-cutanées.* — On les pratique dans le tissu cellulaire du flanc droit ou gauche, parce qu'elles sont moins douloureuses en cet endroit, et que, d'autre part, on n'a aucun avantage à les pratiquer dans les régions voisines des bubons. Il faut prendre toutes les précautions antiseptiques nécessaires, laver d'abord la région avec du savon, puis avec de l'eau phéniquée à 2 p. 100, ou avec un soluté de sublimé au millième. Il est indispensable de stériliser la seringue et la canule au moment de pratiquer l'injection, et pour cela, on les plonge dans l'eau froide qu'on porte ensuite à l'ébullition pendant un quart d'heure. On aura soin de recouvrir l'endroit où la piqûre aura été faite, avec une goutte de collodion. L'introduction du sérum sous la peau est peu douloureuse et le liquide est résorbé en quelques instants. On observe parfois des éruptions à la suite de ces injections, comme cela se produit pour presque tous les sérums, mais il ne faut pas s'en effrayer, même si on voyait survenir de l'érythème des bourses avec gonflement notable.

2° *Injections intra-veineuses.* — On pratique d'abord l'asepsie de la région : pli du coude, face dorsale de la main, région malléolaire; on fait saillir les veines en appliquant un bandage comme pour la saignée. On stérilise, comme précédemment, une seringue de Roux; on la remplit lentement, pour éviter la formation de bulles d'air, avec le sérum tiédi vers 37 degrés. Afin d'être certain de ne pas injecter de bulles d'air malgré toutes les précautions que l'on aura prises, il sera prudent de ne pas pousser le piston jusqu'au bout quand on fera l'injection. Les veines ayant été rendues saillantes, on tend la peau de la main gauche, tandis que de la droite on enfonce l'aiguille d'un seul coup sec. Le sang vient sourdre goutte à goutte; on adapte alors sur l'aiguille la seringue prête à fonctionner, on enlève le bandage et on pousse doucement l'injection en 4 ou 5 minutes environ. On ferme la petite plaie au moyen de collodion.

Les docteurs Vassal à la Réunion, et Noc en Nouvelle-Calédonie, ont injecté dans la même séance, sans aucun inconvénient, 40 et même 60 centimètres cubes de sérum dans les veines. Cette pratique, je le répète, permet de juguler des formes très graves, à la condition de s'y prendre dès le début; elle abrège la durée de l'affection et nécessite par suite moins de sérum.

Sérum de Haffkine. — Le sérum de Haffkine paraît conférer une immunité durable et peut atténuer les atteintes de la peste, mais il produit une réaction intense. À la suite de la piqûre, la fièvre s'allume (39°-40°5), il y a des frissons, de la céphalalgie, de l'abattement. Le membre inoculé se tuméfie et devient souvent douloureux, ses ganglions s'enflamment.

Ce sérum est préparé avec des cultures de peste sur gélose, qui donnent en quarante-huit heures, ou même en vingt-quatre heures seulement, des produits abondants et très virulents. Les bouteilles plates sont raclées avec un pinceau plat ou une tige en caoutchouc. Cette purée bacillaire est mélangée à de l'eau stérilisée, et c'est cette dilution chauffée à 65°-90° qui constitue le vaccin, qu'on injecte à la dose de 50 centimètres cubes sous la peau du bras. La vaccination haffkinienne a été pratiquée dans l'Inde sur une vaste échelle; elle est vantée par les uns et contestée par beaucoup d'autres.

Calmette a émis l'avis, au Congrès de Rotterdam, le 13 avril 1901, que la vaccination de Haffkine peut rendre de grands services dans les pays infectés puisqu'il est facile de se procurer rapidement et presque sans frais de grandes quantités de cultures et que l'inoculation de ces cultures chauffées, si elle est, dans certains cas, un peu douloureuse, n'entraîne pas pour ceux qui s'y soumettent une incapacité de travail prolongée.

En Nouvelle-Calédonie, le Dr Noc a vacciné avec le sérum de Haffkine (cultures sur bouillon provenant de Bombay, et virus préparé de la manière indiquée plus haut) 250 Canaques, mais l'épidémie s'est arrêtée avant qu'il ait été possible de tirer quelque conclusion sur la valeur du procédé. On a d'ailleurs montré peu d'empressement pour ces vaccinations, qui nécessitent l'isolement des sujets pendant au moins douze jours et qui interrompent tout travail.

Les considérations dans lesquelles nous sommes entré sont de nature à prouver qu'en se conformant aux règles de l'hygiène, on se met dans les meilleures conditions pour se préserver de la peste. Il faut donc veiller en tout temps à la propreté des locaux et organiser la chasse aux rats, non seulement pendant les périodes épidémiques, mais encore en dehors d'elles.

DESTRUCTION DES RATS.

La destruction des rats est chose difficile; il faut jouer au plus fin avec ces rongeurs, qui émigrent des lieux où ils habitent dès qu'ils voient mourir quelques-uns des leurs.

Tous les poisons incorporés à une pâtée quelconque ont été employés; ils en détruisent pendant un certain temps, puis les rats disparaissent ou n'y touchent plus.

En Amérique, on vante beaucoup une préparation appelée *rough on rats*, traduction *dur sur les rats*. C'est un poison que l'on doit mettre hors de la portée des enfants et des animaux domestiques, chiens ou chats. Quand on s'en sert, on doit mettre en lieu sûr et couvrir tout ce qui pourrait attirer les rats et les souris. On mélange le contenu d'une boîte avec trois fois la même quantité de saindoux, de fromage ou d'une substance quelconque; l'important est de bien les mélanger.

Un mélange d'œufs crus, de farine de maïs et de *rough on rats*, auquel on ajoute un peu de graisse, est un plat que les souris et les rats dévorent avec avidité. On peut aussi étendre cette pâte sur du pain.

Malgré la renommée dont ce produit jouit aux États-Unis, les Américains se sont empressés de faire un envoi de 500 chats aux Philippines pour détruire les rats.

Les Annamites et les Chinois emploient une substance appelée *nhân-ngon*, qu'ils réduisent en poudre fine, dans laquelle on verse un peu d'alcool de manière à en faire une pâte que l'on incorpore, soit à du riz cuit à l'eau et au sel, soit à tout autre aliment. Il résulte d'une analyse faite à Paris que le *nhân-ngon* contient de l'acide arsénieux.

Les indigènes du Soudan se servent de l'écorce de l'*Erythrophlæum guincense*, Afz-Tali (nom bambara) Mançone (poison d'épreuve), qu'ils pulvérisent et mélangent à de la farine de mil. Ils fabriquent ainsi une pâte dont ils se servent comme mort-aux-rats.

On peut aussi mélanger du plâtre à de la farine dans un récipient quelconque; à côté on place une autre assiette pleine d'eau. Le rat mange le plâtre en même temps que la farine; il boit, le plâtre gonfle et l'étouffe.

La scille mélangée avec de la farine de maïs et du beurre constitue une pâte toxique pour les rats.

Le beurre phosphoré est aussi très employé; on l'étend entre deux tartines de pain afin de ne pas laisser paraître les lueurs phosphorescentes pendant la nuit.

L'avoine peut être rendue toxique en la laissant macérer pendant deux ou trois jours dans une solution alcoolique de strychnine.

Dans les colonies où existent des mangoustes, elles peuvent servir à la destruction des rats; les chiens dits *bull-terriers* font également une guerre acharnée à ces rongeurs.

Dans les égouts de Paris on a essayé un virus (virus Danitz) qui communique aux rats une maladie qui les fait périr. Ce virus a réussi dans certaines circonstances et est resté sans effet dans d'autres. Il a été essayé en Nouvelle-Calédonie et à Tahiti; il n'a donné de bons résultats qu'une seule fois, puis on n'a plus observé de mortalité sur les rats bien que le virus ait été renouvelé.

Le virus Danitz a été employé à Odessa sur une vaste échelle, et on est arrivé à produire sur les rongeurs une mortalité de 40 p. 100. Ce moyen de destruction est donc à recommander.

A Hanoï, dans l'espace d'un mois, on a détruit 640,000 rats qui ont été apportés entiers par les indigènes, grâce à une prime de 10 cents donnée par rongeur. Les Tonkinois, tirant de cette chasse aux muridés un réel profit, en faisaient venir du dehors, malgré la surveillance établie pour arrêter la fraude; aussi dut-on au bout de quinze jours réduire la prime à 1 cent, c'est-à-dire à un peu plus de 0 fr. 01. Cette rétribution n'étant plus assez rémunératrice, les indigènes cessèrent de se livrer à la destruction des rongeurs.

Comme on peut en juger, les moyens de destruction ne manquent pas, mais il est absolument indispensable de changer souvent de procédé. Le rat est un animal des plus fins; au bout de très peu de temps, il se rend compte des embûches qui lui sont tendues et passe sans y toucher et sans se laisser prendre à côté des appâts et des pièges. De même lorsqu'une épizootie sévit sur eux, ils s'empressent de fuir les lieux qui les abritaient pour n'y revenir souvent qu'après plusieurs mois.

DESTRUCTION DES RATS À BORD DES NAVIRES.

Les rats étant les grands propagateurs de la peste, il serait important de pouvoir les détruire à bord des navires qui en ont eu des cas, avant de les laisser aborder aux appontements des ports.

La grande difficulté qui se présente tout d'abord est de pouvoir procéder à la désinfection du navire, sans le décharger au préalable.

A Hambourg, on a essayé des ballons renfermant un mélange de gaz contenant, entre autres substances, de l'acide sulfurique et provenant de la fabrication de produits chimiques de M. Raoul Pictet, à Berlin. La préparation connue sous le nom de *Pictoline* a été employée sur plusieurs navires. On aurait, paraît-il, réussi à détruire tous les rats qui se trouvaient dans les cales dès que l'air a été saturé de 0,6 p. 100 du gaz Pictet, cette quantité correspondant à une dépense de 28 kilogrammes de gaz fluide par 1.000 mètres cubes de cale. D'après les auteurs du procédé, ce moyen serait supérieur à la fumigation par le soufre, parce qu'il n'expose pas aux incendies et qu'il ne demande que trois heures au lieu de dix. Mais l'expert fait remarquer que la *Pictoline* ne peut s'employer que dans les cales vides, à cause des altérations que peut causer aux marchandises l'acide sulfurique qui entre dans sa composition.

Le docteur Aspéry, de Constantinople, a proposé de détruire les rats à bord des navires au moyen de l'acide carbonique. Ce procédé, peu sûr pour la destruction des rongeurs qui fuiraient au plus vite vers les parties supérieures du bâtiment et qui d'ailleurs peuvent vivre dans une atmosphère très chargée de ce gaz, aurait de plus l'inconvénient d'être excessivement dangereux pour les hommes qui descendraient dans les cales insuffisamment aérées.

Il en est de même de l'oxyde de carbone, qui a été préconisé et essayé tout dernièrement en Allemagne.

L'acide sulfureux au contraire a fait ses preuves depuis longtemps; il tue les rats et tous les insectes qu'on a intérêt à détruire; on peut donc pour le moment s'en contenter, car c'est un désinfectant puissant.

La marine y a eu recours à plusieurs reprises pour désinfecter ses navires de guerre en bois et pour détruire les légions de rats qu'ils contenaient. On employait à ce moment l'ancien procédé que j'ai décrit plus haut, on allumait une foule de braseros qui constituaient un grand danger au point de vue de l'incendie.

Quand les navires en fer furent substitués aux navires en bois, les dangers d'incendie devenaient moindres; néanmoins on ne recourait pas volontiers à ce procédé parce que l'acide sulfurique qui se formait attaquait les coques en fer.

Aujourd'hui, grâce au perfectionnement apporté au procédé et qui consiste à envoyer dans l'intérieur du navire de l'acide sulfureux absolument sec, la détérioration des tôles n'est plus à craindre.

Ce procédé, en usage en Amérique et qui porte le nom de *Procédé Clayton*, est également employé en Angleterre.

Le docteur Loir, de l'Institut Pasteur, l'a vu fonctionner à Londres sur le steamer *City of Perth*, qui avait eu des cas de peste en cours de traversée, retour des Indes. Le rapport fait par ce médecin est des plus favorables et des plus concluants au point de vue de la désinfection et de la destruction des rats, puces, punaises. C'est un procédé assez économique et qui n'altère ni les tissus ni les métaux; l'argenterie seule noircit.

Tout récemment, notre collègue le docteur Calmette, directeur de l'Institut Pasteur de Lille, a fait des expériences très intéressantes sur le pouvoir microbicide du gaz Clayton, que nous allons résumer.

ESSAIS DE L'APPAREIL CLAYTON FAITS À DUNKERQUE.

Le 27 septembre 1902, MM. Calmette et Hautefeuille, de l'Institut Pasteur de Lille, ont entrepris à bord d'un vapeur de 1,200 tonnes, tout en fer, arrivé depuis douze jours d'Oran avec un chargement d'orge, des expériences en vue de déterminer l'action désinfectante du gaz « Clayton » sur les linges et objets contaminés artificiellement par les microbes pathogènes de la *fièvre typhoïde*, du *choléra* et de la *peste*.

Le choix a porté sur ces microbes parce qu'ils sont les plus intéressants au point de vue de la prophylaxie sanitaire maritime.

On a pu également se rendre compte de l'action du gaz sulfureux sec sur la *destruction des rats* et de ses effets sur les diverses marchandises.

On a procédé à deux sortes d'expériences : dans la première, on a placé dans la cale et les différentes parties du bâtiment des cultures récentes de fièvre typhoïde, de choléra et de peste dont on avait imprégné des bandes de flanelle qui ont été introduites, les unes à l'état sec, les autres à l'état humide, dans des tubes de verres cylindriques bouchés à leurs deux extrémités avec du coton.

On a confectionné en outre des sachets avec d'autres bandes de flanelle infectées, sèches ou humides, qui étaient enveloppées dans un double papier buvard stérilisé, puis dans un carré de flanelle stérilisée et enfin dans un double papier écolier gommé. Des tubes et des sachets ont été placés sur le pont, en dehors de l'atteinte sulfureuse, afin de servir de témoins.

L'appareil Clayton était placé sur un chaland le long du bord. Les panneaux du pont ayant été fermés, on a introduit dans la cale deux tuyaux d'aspiration et de refoulement communiquant avec l'appareil Clayton, qui a été mis en marche à 10 h. 55 du matin, le ventilateur aspirant et refoulant à la minute 25 mètres cubes de gaz environ.

Le refoulement du gaz a été arrêté au bout de deux heures un quart. Deux heures plus tard on ouvrait les panneaux et on apercevait dans la cale et sur le faux pont une vingtaine de rats morts. A 5 heures du soir, l'aération était suffisante pour permettre de descendre dans la cale prendre les tubes et les sachets qui y avaient été déposés.

Dans une deuxième expérience, on a procédé à la désinfection d'une cabine à deux couchettes garnie de ses matelas, couvertures, oreillers. Les tubes et sachets ont été déposés sur les couchettes; ceux de la couchette supérieure ont été recouverts d'une couverture de laine brune pliée en quatre et d'un oreiller en balle d'avoine de 10 centimètres d'épaisseur environ.

La cabine ne cubant que 7 mètres, on n'a pas fait d'aspiration, on s'est contenté d'y refouler du gaz. L'appareil est mis en marche à 1 h. 33; une demi-heure après, on arrête l'appareil et on laisse le gaz en contact pendant deux heures. On ouvre la cabine à 4 h. 15.

Les cultures exposées à l'action du gaz Clayton ont été ensemencées le lendemain à l'Institut Pasteur de Lille dans des tubes de bouillon de viande et d'eau peptonée et sont restées stériles. Les cultures témoins au contraire, sauf celle du choléra qui était desséchée, ont poussé abondamment, après vingt-quatre heures d'étuve. Mais on sait que le microbe du choléra, à l'état sec, est très peu résistant et que la dessiccation seule suffit ordinairement à détruire sa vitalité; aussi est-ce une bonne pratique que d'exposer à un soleil ardent, pendant trois ou quatre heures, les objets souillés par les cholériques, si on manque de désinfectants.

Au cours de ces deux expériences on a fait des prises de gaz afin d'en connaître le titrage en acide sulfureux.

Les résultats paraissent des plus favorables; aussi les expérimentateurs en ont-ils déduit les conclusions suivantes.

CONCLUSIONS.

Le gaz sulfureux sec, produit sous pression par l'appareil Clayton avec des concentrations atteignant au moins 10 p. 100, est parfaitement efficace pour la désinfection des navires, lorsqu'il s'agira de rendre inoffensifs des objets souillés par des microbes de la fièvre typhoïde, du choléra ou de la peste.

Ce procédé permettant de détruire avec certitude tous les rats et les insectes tels que : puces, punaises, cancrelats, etc., sans altérer sensiblement les marchandises les plus délicates, telles que les cuirs et peaux, les céréales, les viandes, les fruits, et sans causer le moindre dommage aux objets métalliques, mérite d'attirer l'attention des administrations locales de toutes nos possessions coloniales. Il nous semble indispensable que nos divers lazarets soient en mesure de l'employer dans le plus bref délai, pour mettre nos ports coloniaux à l'abri de l'invasion du choléra, de la fièvre jaune, de la peste et de toutes les maladies infectieuses et pour éviter aux navires les quarantaines de longue durée qui portent les plus graves préjudices au commerce.

Ce système fonctionne depuis plusieurs années au lazaret de Charleston (Caroline du Sud) et a été décrit dans les *Annales d'hygiène et de médecine coloniales*, tome III, p. 547 et suivantes.

Le port de Dunkerque est muni d'un appareil Clayton et plus de vingt navires ont été déjà désinfectés par ce système. D'après le docteur Duriau, directeur de la Santé, ce procédé de désinfection a toujours été efficace, a détruit tout ce qu'il y avait de vivant à bord (rongeurs et insectes), n'a jamais suscité de plaintes de la part des armateurs au sujet de la détérioration des marchandises et n'a apporté aucun retard à leur déchargement.

L'appareil en usage à Dunkerque coûte 25,000 francs et le prix de la désinfection d'un navire de commerce s'élève à 100 francs environ.

NOTICE SUR L'APPAREIL CLAYTON POUR LA DÉSINFECTION PAR LE GAZ SULFUREUX SEC.

L'appareil se compose d'un four dans lequel on brûle du soufre en canons, concassé. Ce four est relié au local à désinfecter par deux tuyaux dont l'un aspire l'air qui doit servir à la combustion du soufre et à la production du gaz sulfureux, et l'autre refoule ce gaz dans ledit local.

Il est complété par une pompe et un refroidisseur à circulation d'eau qui ramène le gaz sulfureux à une température peu supérieure à la température ambiante. Ces deux organes sont actionnés par un moteur mécanique ou à main, selon l'importance de l'appareil.

Un petit instrument très simple et dont le maniement est à la portée de tout le monde permet de s'assurer, aussi souvent qu'on le désire, de la teneur en gaz sulfureux de l'atmosphère du local à désinfecter.

Lorsqu'on a atteint une concentration suffisante, on arrête la production du gaz désinfectant, et au bout de quelques heures, on remet la pompe en marche en lui faisant aspirer l'air chargé de vapeurs sulfureuses, et refouler de l'air frais puisé à l'extérieur. On peut au bout de très peu de temps pénétrer dans le local, l'aérer et le réoccuper.

M. Clayton a construit plusieurs types d'appareils dont nous donnons ci-dessous la désignation, les dimensions, le rendement et le prix :

DÉSIGNATION des TYPES.	POIDS de L'APPAREIL.	DIMENSIONS.	DIAMÈTRE des TUYAUX.	RENDEMENT EN GAZ par mètre cube.	PRIX de L'APPAREIL.
	kilogr.		millim.	m. c.	francs.
B.	4,060	3 m. 25 × 1 m. 95 × 1 m. 65	152	93	25,000
C.	2,790	2 m. 00 × 1 m. 35 × 1 m. 50	106	10	20,000
A.	1,525	1 m. 70 × 1 m. 40 × 1 m. 40	76	3,500	10,000
H.	1,100	1 m. 50 × 1 m. 20 × 1 m. 20	64	2	8,000
D.	500	1 m. 12 × 1 m. 08 × 0 m. 93	45	1	3,500
E.	150	0 m. 50 × 0 m. 50 × 0 m. 40	32	1/3	2,750
E E.	125	0 m. 50 × 0 m. 50 × 0 m. 40	32	1/3	2,500

Les prix ci-dessus s'appliquent aux appareils complets, mais sans tuyaux ni chaudières, construits en France et livrés à quai dans un port français.

Les types B et C conviennent à la désinfection des navires ou des grands magasins où l'opération doit être faite rapidement.

Le type A peut être utilisé pour les mêmes opérations, mais il faudra naturellement trois fois plus de temps pour arriver aux mêmes résultats qu'avec les appareils des types précédents.

Les types H et D peuvent servir à la désinfection des casernes, hôpitaux, etc.

Les types E et EE conviennent à la désinfection à domicile. Ce dernier n'a qu'un moteur à main ; tous les autres sont munis, au gré de l'acheteur, d'un moteur électrique, à vapeur, à gaz ou à l'huile lourde. On pourrait probablement aussi les munir d'un moteur à alcool.

Les souffleurs et les moteurs des types E et EE sont détachés des générateurs, ce qui les rend aisément transportables. Cette séparation pourrait être faite également sur les types H et D.

Il convient de faire remarquer que l'on peut employer des tuyaux de caoutchouc, le gaz sulfureux froid n'attaquant pas cette substance.

CHAPITRE IX.

VARIOLE ET VACCINE.

La variole est sans contredit la maladie contagieuse la plus redoutable dans nos diverses possessions coloniales, à cause de la mortalité considérable qu'elle cause, surtout sur les indigènes.

Dans nos colonies indo-chinoises et africaines, on la combat encore par la variolisation, non parce que les indigènes la préfèrent à la vaccination jennérienne, mais parce que la variole a causé parmi eux de tels ravages, qu'ils ont cherché depuis les temps les plus reculés à s'en préserver en donnant à leurs enfants une variole légère.

Cette affection est tellement redoutée au Cambodge, par exemple, que dans cette contrée on dit qu'un enfant n'est pas encore bien né (on n'est pas certain de le voir vivre) tant qu'il n'a pas payé son tribut à cette maladie; aussi s'empresse-t-on de le varioliser vers l'âge de trois ou quatre ans. Cette pratique diminue de plus en plus depuis qu'on a organisé un service de vaccine dans le pays.

Dans des colonies plus anciennes, les médecins vaccinateurs ont à lutter contre les abstentionnistes qui invoquent toutes sortes de prétextes pour ne pas faire vacciner leurs enfants.

La répugnance que montraient autrefois certaines familles à faire vacciner les leurs, quand on opérait de bras à bras, doit disparaître avec la vaccination animale, qui n'offre pas les mêmes dangers.

Il est une chose certaine, c'est que la variole recule devant la vaccine; elle est en décroissance dans les pays d'Europe où on lutte avec énergie contre elle, tandis que dans ceux où il s'est formé des ligues d'antivaccinateurs qui ont fait malheureusement trop d'adeptes, la variole est en recrudescence sensible.

Dans quelques-unes de nos colonies, des foyers épidémiques se déclarent dès qu'on cesse les vaccinations, mais ils disparaissent dès qu'on les reprend.

Dans nos établissements de l'Inde, nous avons à lutter contre des préjugés qui rendent la tâche difficile et presque impossible, parce qu'on s'attaque à des principes religieux qui paralysent tous les efforts. Les Hindous considèrent, en effet, la variole comme un bienfait des dieux; aussi ceux qui en sont atteints sont-ils l'objet d'une grande vénération.

D'immenses progrès ont été cependant réalisés depuis une dizaine d'années, mais il reste encore bien plus à faire, en matière de vaccination, pour le développement et le peuplement de notre domaine colonial. La propagation de la vaccine est un des meilleurs moyens de répandre l'influence française et de faire venir franchement à nous les différentes races soumises à notre domination; c'est de plus un moyen d'accroissement de la population. En Cochinchine, on a constaté de ce fait un accroissement de près d'un quart, en onze années.

La variole, excessivement contagieuse, se transmet par contact, par les germes suspendus dans l'atmosphère du malade ou adhérents aux différents objets provenant de lui, enfin par l'inoculation. Le contage se fixe sur les objets à l'usage des malades, vêtements, linge, literie, tapis, rideaux, nattes, etc.

On croyait autrefois, et c'était une croyance assez répandue, que la variole n'était contagieuse qu'au moment de la dessiccation des croûtes; il est parfaitement établi aujourd'hui qu'elle est transmissible pendant toute la durée de la maladie, mais que ce pouvoir est moins actif au début et que son maximum coïncide bien avec la desquamation.

La transmission de la variole peut se faire par les personnes qui approchent les malades, qui contagionnent ainsi inconsciemment des gens sains.

Les cadavres de varioleux sont aussi susceptibles de produire l'infection; ils peuvent conserver ce pouvoir pendant un temps indéterminé. Le fait a été constaté à Madagascar; les indigènes ont l'habitude de pénétrer tous les ans dans les tombeaux, à une époque déterminée, et de retourner les cadavres pour leur changer le suaire. Cette cérémonie ayant été suivie, dans bien des localités, d'apparition de la variole, on a dû défendre d'inhumer les gens morts de variole dans les tombeaux communs et prohiber pour eux cette cérémonie.

Quand on se trouvera en présence de personnes mortes de la variole, il faudra donc les placer dans un lit de chaux vive, fermer le cercueil, éviter les veillées près du mort et procéder à l'inhumation le plus tôt possible.

Une première atteinte de variole met généralement à l'abri d'une seconde; il y a cependant quelques exceptions à cette règle.

Nous sommes heureusement très bien armés pour combattre la variole; le remède est la vaccination, qu'il faut pratiquer à outrance, ainsi que la revaccination, puisqu'on n'est pas du tout fixé sur le temps pendant lequel dure l'immunité conférée par une première vaccination.

La vaccination peut être également tentée sur des personnes qui ont eu antérieurement la variole. Au Tonkin, on a obtenu de belles pustules vaccinales sur des indigènes qui portaient des stigmates très accusés de variole.

Le médecin chargé des vaccinations devra user envers les indigènes d'une extrême douceur et ne jamais employer la violence. Il serait à désirer qu'il comprît la langue du pays, afin de n'avoir pas besoin de recourir à un interprète, qui traduit parfois à sa guise et abuse souvent de sa minime autorité auprès des indigènes, qu'il maltraite, qu'il éloigne, quand il ne les rançonne pas.

Le vaccin employé est du vaccin de génisse fabriqué sur place ou envoyé de France. Dans ce dernier cas, la traversée atténue souvent sa virulence; il arrive souvent aux ports de débarquement dans de bonnes conditions, mais il n'en est plus de même quand il parvient dans l'intérieur parce qu'il a eu à subir souvent des températures élevées.

Malgré cette difficulté, il ne faut pas cependant désespérer d'implanter la vaccination loin des côtes.

On met souvent le vaccin dans des glacières dans l'espoir de mieux le conserver; il est préférable de se contenter de le placer dans un endroit frais, afin qu'au sortir de la glacière il ne subisse pas trop d'écarts de température, ce qui l'expose à perdre sa virulence.

L'Institut Pasteur, de Lille, quand on le lui demande, expédie, dans des tubes de 6 millimètres de diamètre, des pustules entières conservées dans la quantité de glycérine nécessaire à leur trituration, qui se fait sur place, au moment de l'emploi, dans un petit mortier bien aseptisé. Ce mode d'envoi a permis de faire parvenir d'excellent vaccin possédant toute sa virulence dans des postes éloignés du littoral.

Dans les Indes néerlandaises, on expédie les tubes de vaccin dans les postes de l'intérieur, en plaçant chaque tube dans une boîte cylindrique en fer-blanc remplie de moelle de bananier; on ferme la boîte sans la souder. Ce mode d'envoi a un double avantage : le vaccin se conserve très frais et de plus la boîte peut tomber sans qu'il y ait bris du tube.

Le docteur Simond préconise un moyen bien simple et bien facile à mettre en pratique pour transporter le vaccin sans atténuer sa virulence. Il consiste à plonger les tubes dans l'eau d'une petite gargoulette en terre très poreuse qu'on fait porter à la main par un indigène pendant les tournées de vaccine par terre, et que l'on suspend à l'air pendant les haltes. Si on a soin de veiller à ce que l'eau ne manque jamais dans le récipient, le vaccin se maintient à une température qui ne dépasse pas 28 degrés. Or ce n'est qu'à partir de 30 degrés que le vaccin subit une atténuation progressive qui peut le rendre inutilisable en un laps de temps variable, selon le degré de température auquel il est exposé.

Les animaux employés comme vaccinifères sont des génisses; dans les colonies qui possèdent des buffles, il est préférable de recourir aux bufflons. On peut également se servir comme vaccinifères : de lapins, de singes et de cochons de lait.

Pour le lapin, il suffit de raser le dos et d'étaler simplement la substance virulente sur le derme fraîchement rasé. La lymphe qu'il fournit peut être inoculée à la génisse et de celle-ci à l'enfant.

C'est également à la partie inférieure du dos qu'on vaccine les singes.

Quand il s'agit des cochons de lait, la pustule vaccinale que l'on obtient n'est ni aplatie ni ombiliquée; elle a un aspect mûriforme.

INSTRUCTIONS POUR LA PRÉPARATION ET L'USAGE DU VACCIN JENNÉRIEN EN DEHORS DES INSTITUTS VACCINOGÈNES.

I. *Choix des vaccinifères.* — Le vaccin, contrairement à ce que l'on pensait encore tout récemment, se cultive tout aussi bien sur les animaux adultes que sur les jeunes animaux. Toute génisse, quels que soient son âge et sa race, est apte à recevoir la vaccine, si elle n'a pas acquis l'immunité par une atteinte antérieure.

Les animaux (femelles de préférence) destinés à cet usage, quel que soit leur état d'embonpoint, doivent être dans un excellent état de santé (bon appétit, cours régulier des excréments). La seule maladie qu'il importe de dépister chez ces animaux est la tuberculose; or une injection de tuberculine faite au préalable donnera toute garantie en la matière. Une surveillance de quinze jours est nécessaire avant de livrer les vaccinifères à la culture du vaccin.

II. *Ensemencement du vaccin.* — Point n'est besoin d'avoir un appareil spécial pour immobiliser les animaux. La fixation sur le sol recouvert de paille constitue le procédé de choix. On couche les animaux sur le côté droit au moyen d'un lacet porte-lacs ordinaire.

On relève le membre postérieur gauche qu'on attache à un piquet planté en terre au niveau de la croupe. Les membres antérieur et postérieur du côté droit sont fixés au niveau du sol au moyen d'anneaux scellés en terre ou de piquets.

Un homme placé près de la tête de l'animal maintient cette partie du corps appuyée sur le sol.

L'opérateur tond toute la partie inférieure du corps en suivant comme limite le cercle de l'hypochondre et comprenant les mamelles, la portion interne des cuisses, tout le ventre jusqu'à l'appendice xiphoïde du sternum. On savonne ensuite vigoureusement avec de l'eau chaude, on rase en respectant le bouquet de poils de la cicatrice ombilicale, on savonne et on lave de nouveau le champ opératoire qu'on sèche avec des serviettes.

On scarifie la surface avec une lancette à manche; les scarifications doivent être faites de deux en deux centimètres et avoir quatre centimètres de longueur.

On peut de cette manière pratiquer sur un animal adulte de 250 à 350 scarifications.

On étanche avec une serviette les quelques gouttelettes de sang qui ont pu s'écouler; il est important de ne pas faire saigner.

La semence vaccinale est insérée dans chaque scarification à l'aide d'une spatule métallique bien mousse.

L'animal est ensuite relevé et le champ opératoire est protégé au moyen d'un tablier en toile renouvelé tous les jours; on le conduit ensuite dans un local aussi frais que possible, une température de 18 à 20 degrés convenant très bien à la culture du vaccin.

III. *Récolte du vaccin.* — Le sixième jour après l'inoculation ou plutôt quand il s'est écoulé six fois vingt-quatre heures, le vaccin est bon à recueillir. Aux pays chauds, le vaccin doit être souvent recueilli dès le soir du quatrième jour.

Pour le faire, on couche l'animal sur le sol comme la première fois et on le fixe de la même manière. On lave le champ vaccinal avec de l'eau bouillie et refroidie à 35 degrés, puis on sèche avec une serviette.

Avec une curette tranchante de Volkmann de grand modèle (largeur d'une cuiller à café), on enlève *d'un seul coup*, et sans prendre de sang, toute la pustule vaccinale, qu'on dépose dans un vase *ad hoc*. On agit de même pour toutes les pustules.

Il n'est point besoin de se servir de pinces compressives, la virulence vaccinale existant presque exclusivement dans les parties solides de la pustule.

IV. *Conservation et usage du vaccin.* — Il y a tout intérêt à ne pas employer le vaccin aussitôt après sa récolte. L'expérience montre en effet que les pustules vaccinales mélangées à leur poids de glycérine pure à 3o degrés Baumé et conservées pendant une quinzaine de jours perdent une grande partie de leur flore microbienne étrangère, tout en gardant leur virulence intacte.

Après ce temps, on triture les pustules au mortier, que l'on aura stérilisé, à la molette ou à la machine Chaïgbans. On étend de glycérine jusqu'à consistance sirupeuse et on répartit en tubes capillaires à l'aide de la seringue Pravaz; on ferme à la lampe aux deux extrémités.

Si le vaccin doit voyager ou être conservé dans les pays chauds, il y a tout intérêt à le mettre, après trituration, dans des tubes de verre de gros diamètre fermés à l'aide d'un bouchon de liège. Largeur : 6 millimètres; hauteur : 15 millimètres. On lute le bouchon.

V. *Emploi du vaccin.* — Le vaccin doit être employé aussitôt sa réception et être appliqué par scarifications légères de l'épiderme (sans effusion de sang), ce mode de vaccination étant considéré comme le procédé de choix.

VI. *Soins à apporter au vaccin.* — En thèse générale, le vaccin doit être conservé au frais, à une température sensiblement égale; les brusques écarts de température diminuant notablement la virulence vaccinale, il faudra donc en tenir compte aux colonies plus que partout ailleurs.

RÉSUMÉ.

En écrivant les notices ci-dessus, nous n'avons pas eu la prétention de signaler tout ce qu'il y a à conseiller en matière d'hygiène et de prophylaxie. *Qui trop embrasse, mal étreint,* dit le proverbe; aussi n'avons-nous voulu donner que des indications générales applicables, en principe, à toutes nos colonies.

Notre domaine colonial est tellement vaste, les conditions climatériques, géologiques et physiques des diverses parties qui le composent sont tellement différentes les unes des autres, qu'il nous était impossible de fixer des règles immuables. Ce

que nous avons désiré faire, c'est indiquer rapidement la manière de s'y prendre pour assainir nos possessions d'outre-
mer.

Il appartiendra aux autorités locales d'y apporter les modifications qu'elles jugeront utiles, suivant la configuration du sol
de chaque localité, de même que, sans perdre de vue le but à
atteindre, elles les poursuivront par les voies et moyens les plus
pratiques et les plus économiques.

Ce qu'il faut, c'est entamer la lutte et la poursuivre *avec persévérance et tenacité;* ce ne sera pas l'œuvre d'un jour, car aux
pays chauds la nature reprend vite ses droits et aura bientôt
fait disparaître les conquêtes faites sur elle au prix de dépenses considérables. Ce n'est donc que par des efforts *quotidiens, de longue durée et ininterrompus,* que l'on arrivera à des
améliorations utiles et durables.

La première chose à faire est de charger une commission
d'ingénieurs et de médecins de dresser un plan d'attaque qui
devra consister tout d'abord à procéder à l'assainissement des
villes ou localités et de leurs environs immédiats: une fois cette
première tâche accomplie, la zone pourra s'élargir de plus en
plus.

Nous ne saurions trop insister en outre sur la nécessité absolue
qui s'impose pour toutes nos colonies de s'outiller le plus rapidement possible en matériel sanitaire, afin d'être prêtes à toutes
les éventualités et de pouvoir se mettre en garde contre les maladies importées aujourd'hui de toutes les parties du monde et
dont le nombre ne peut que s'accroître, par suite des communications de plus en plus nombreuses et de plus en plus rapides
qui les mettent en relation avec les pays lointains.

Les installations premières nécessiteront évidemment de
grosses dépenses, mais qui se réduiront à peu de chose, si on
veut bien les comparer aux pertes considérables subies du fait
des quarantaines ou des épidémies qui non seulement arrêtent
complètement les transactions commerciales, mais encore portent de sérieuses entraves à la colonisation par le mauvais renom
qui rejaillit sur les colonies.

On ne saurait trop tenir compte des leçons du passé; elles

ont toujours été cruelles. Malheureusement, quand une épidémie a pris fin, on ne songe qu'à réparer, au plus tôt, les pertes matérielles qu'elle a occasionnées et on ne se préoccupe pas assez des moyens propres à prévenir le retour offensif, toujours possible, du fléau. On ne se rend pas également assez compte du déchet humain imputable à des maladies susceptibles d'être enrayées par une sage prévoyance. C'est cependant une question vitale, tant pour les Européens que pour les indigènes, ces auxiliaires indispensables à toute entreprise de colonisation et sans le concours desquels elle sera frappée d'avance de stérilité.

En terminant, qu'il nous soit permis d'émettre le vœu que toutes les autorités de nos colonies s'entendent entre elles pour mener à bien, le plus promptement possible, la grande œuvre d'assainissement de nos différentes possessions d'outre-mer, la locution : *si vis pacem, para bellum*, étant applicable à la défense sanitaire de ces pays par des mesures d'hygiène et de prophylaxie mises en pratique avec suite et méthode.

*L'Inspecteur général
du Service de santé des Colonies,*

A. KERMORGANT.

TABLE DES MATIÈRES.